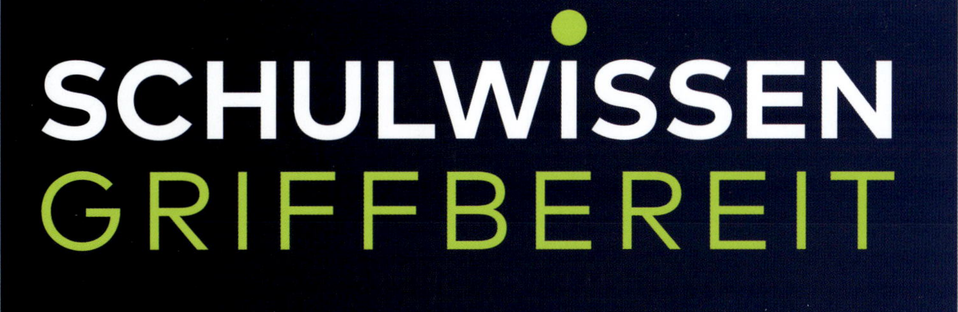

MATHEMATIK
GEOMETRIE

Konstruktionen · Flächen- und
Körperberechnungen · Winkelfunktionen
Sätze, Beweise und Anwendungen

Schroedel
westermann

So funktioniert *Schulwissen griffbereit*

Ob im Unterricht, bei den Hausaufgaben, zur Vorbereitung auf Klassenarbeiten oder einfach zwischendurch – *Schulwissen griffbereit* erklärt dir die wichtigsten Themen der Geometrie, und zwar anschaulich und übersichtlich.

Auf jeder Seite dieses Nachschlagewerks findest du alle wichtigen Informationen zu einem bestimmten Thema.

In der linken Spalte, also auf gelbem Grund, sind immer die Regeln abgedruckt. In der rechten Spalte, also auf weißem Grund, gibt es die dazu passenden Erklärungen und Beispiele.

Wenn es mal schnell gehen muss, hilft die App *Schulwissen griffbereit* weiter.

Hier findest du die wichtigsten Inhalte des Buchs zum schnellen Nachschlagen für unterwegs.

Und das Beste ist: In der App hast du Zugriff auf alle Fächer, für die es *Schulwissen griffbereit* gibt.

Die App gibt es für Android und iOS. Einfach *Schulwissen griffbereit* im Store eingeben und kostenlos herunterladen.

Wir wünschen dir viel Erfolg mit *Schulwissen griffbereit*!

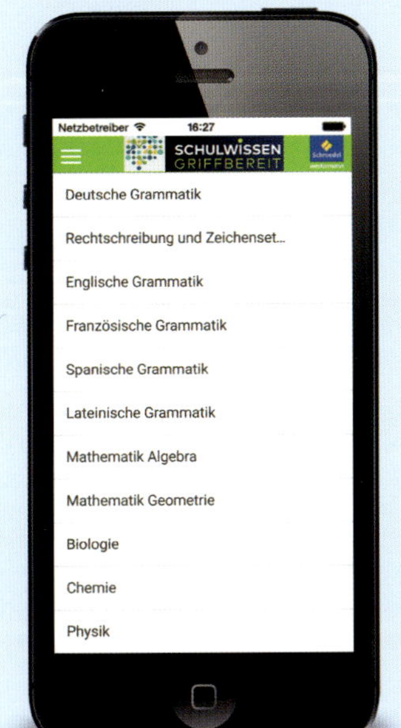

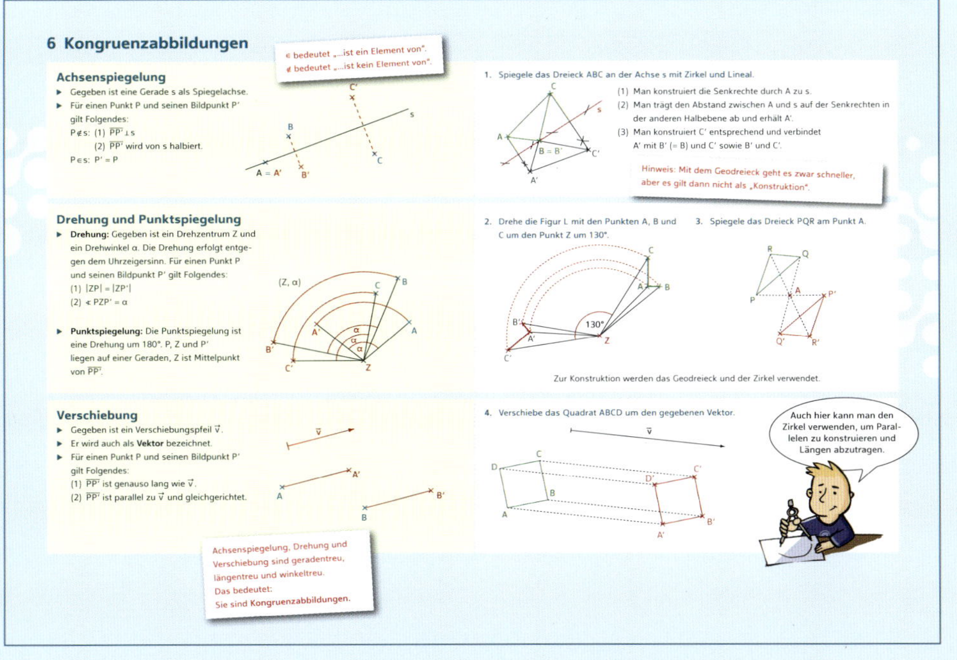

Inhaltsverzeichnis

1 Geometrische Grundbegriffe

2 Senkrecht und parallel, Grundkonstruktionen, Koordinatensystem

3 Winkelarten und Winkelpaare

4 Winkelsumme in Vielecken, Dreiecksarten

5 Kongruenzsätze für Dreiecke, Dreieckskonstruktionen, Beweise

6 Kongruenzabbildungen

7 Symmetrien

8 Linien im Dreieck

9 Kreis und Gerade

10 Winkel am Kreis, Umkreis und Inkreis bei Vierecken

11 Das Haus der Vierecke

12 Viereckskonstruktionen

13 Maßeinheiten für den Flächeninhalt

14 Flächeninhalt und Umfang von Dreiecken und Vierecken 1

15 Flächeninhalt und Umfang von Dreiecken und Vierecken 2

16 Regelmäßige Vielecke

17 Kreis und Kreisteile, Ellipse

18 Satzgruppe am rechtwinkligen Dreieck

19 Streckenverhältnis, Projektionssatz, Strahlensätze

20 Zentrische Streckung, Ähnlichkeit von Dreiecken

21 Maßeinheiten für das Volumen

22 Berechnung von Quadern

23 Berechnung von Prismen und Zylindern

24 Berechnung von Pyramiden und Kegeln

25 Berechnung von Pyramidenstümpfen und Kegelstümpfen

26 Berechnung von Kugeln und Kugelteilen

27 Zusammengesetzte Körper, Massenberechnung

28 Winkelfunktionen am Einheitskreis

29 Bogenmaß, Graphen von Winkelfunktionen

30 Winkelfunktionen im rechtwinkligen Dreieck

31 Sinussatz und Kosinussatz

32 Allgemeine Sinusfunktion

33 Stichwortverzeichnis

1 Geometrische Grundbegriffe

Gerade, Strahl und Strecke

▶ **Punkte** werden mit einem kleinen Kreuz markiert und mit großen Buchstaben benannt.

▶ Eine gerade Linie besteht aus unendlich vielen Punkten.
- Ist sie in beide Richtungen unbegrenzt, so nennt man sie eine **Gerade**.
- Ist sie in eine Richtung begrenzt und in die andere unbegrenzt, so heißt sie **Strahl** (Halbgerade).
- Ist sie in beide Richtungen begrenzt, so nennt man sie eine **Strecke**. Strecken kann man messen (m, cm usw.), z. B.: $|PQ|$ ist die Länge der Strecke $\overline{PQ}$.

▶ Geraden, Strahlen und Strecken werden mit kleinen Buchstaben oder mithilfe der beiden Punkte benannt, die sie festlegen.

z. B.: Gerade g durch die Punkte P und Q: PQ, Strahl von P durch Q: $\overrightarrow{PQ}$, Strecke zwischen P und Q: $\overline{PQ}$

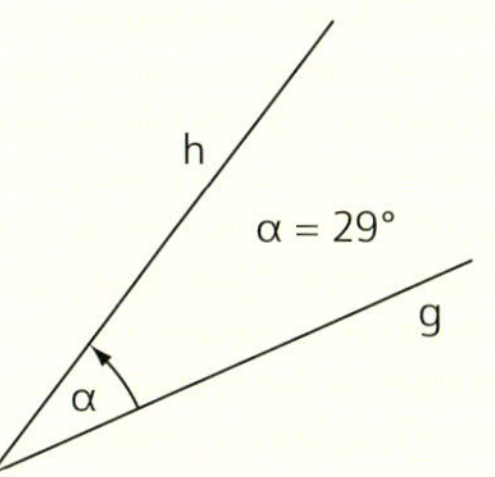

1. a) Zeichne die Gerade XY und nenne sie h.
   b) Zeichne den Strahl $\overrightarrow{KM}$ und nenne ihn s.
   c) Zeichne die Strecke $\overline{UV}$ und nenne sie a.

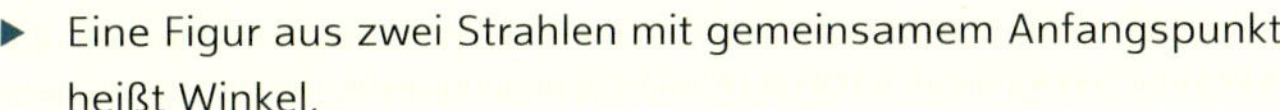

2. Zeichne alle Strecken zwischen den Punkten A, B, C, D und E ein und miss sie.

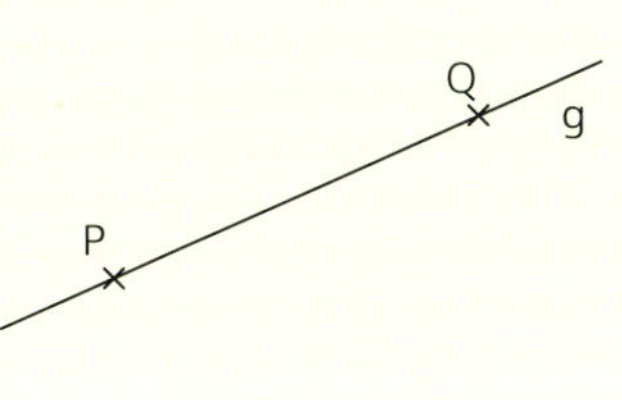

$\|AB\| = 1{,}6\,cm$	$\|AC\| = 3{,}4\,cm$	$\|AD\| = 3{,}35\,cm$	$\|AE\| = 1{,}4\,cm$
$\|BC\| = 2\,cm$	$\|BD\| = 2{,}3\,cm$	$\|BE\| = 1{,}25\,cm$	
$\|CD\| = 1\,cm$	$\|CE\| = 2{,}3\,cm$	$\|DE\| = 2\,cm$	

Winkel

▶ Eine Figur aus zwei Strahlen mit gemeinsamem Anfangspunkt heißt Winkel.
▶ Die beiden Strahlen sind die **Schenkel** des Winkels.
▶ Winkel werden mit kleinen griechischen Buchstaben (α: Alpha, β: Beta, γ: Gamma, δ: Delta usw.) benannt und in **Grad** gemessen.

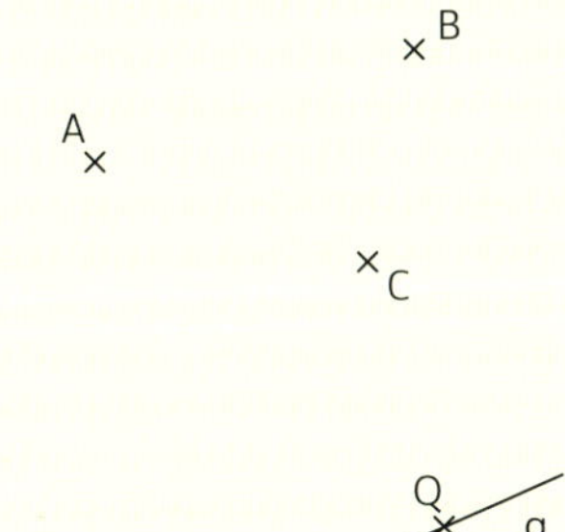

3. Miss die Innenwinkel des Vierecks mit dem Geodreieck.

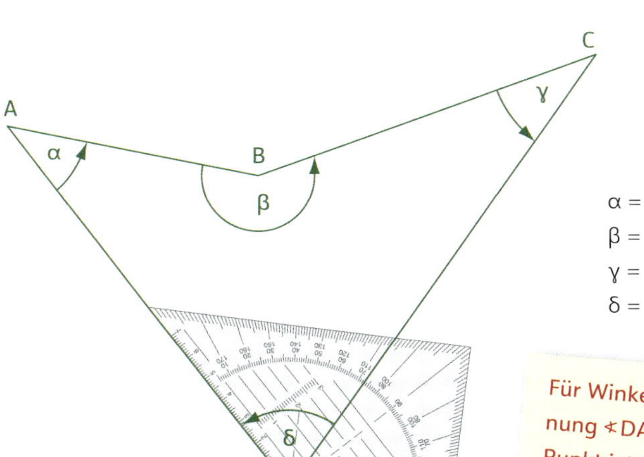

$\alpha = 41°$
$\beta = 211°$
$\gamma = 35°$
$\delta = 73°$

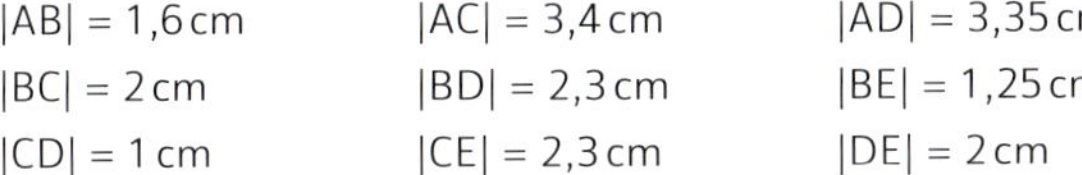

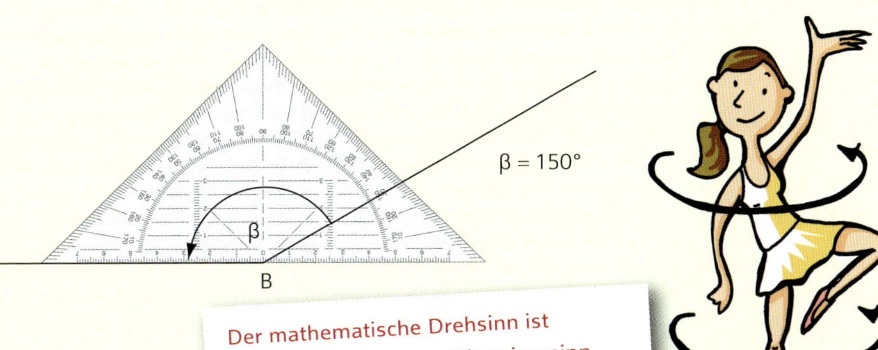

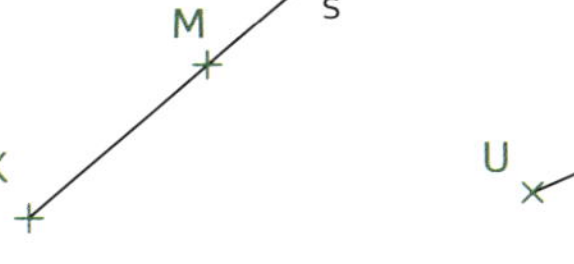
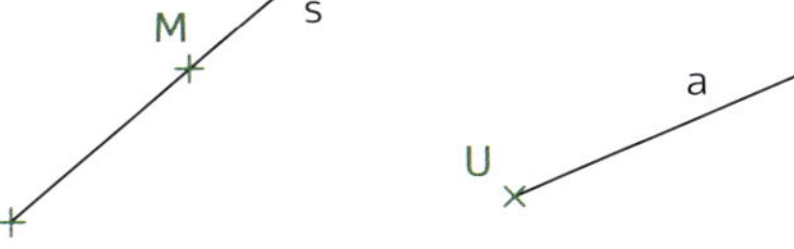
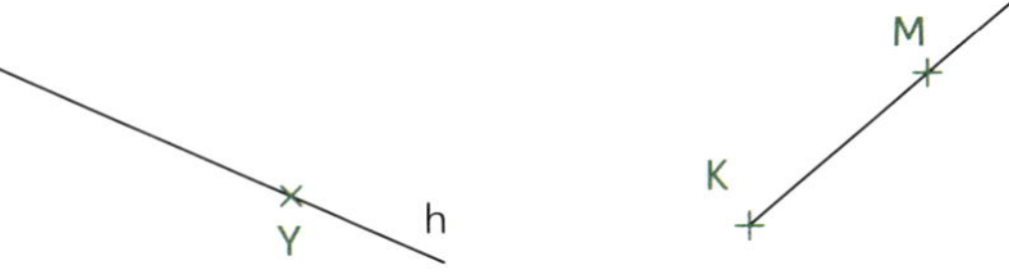

Der mathematische Drehsinn ist entgegengesetzt zum Uhrzeigersinn.

Für Winkel gibt es auch die Bezeichnung ∡DAB, ∡ABC etc. Der mittlere Punkt ist Scheitelpunkt des Winkels, die Anordnung der Punkte folgt dem positiven mathematischen Drehsinn. ∡DAB ist in der Zeichnung also Winkel α.

2 Senkrecht und parallel, Grundkonstruktionen, Koordinatensystem

Senkrecht und parallel

▶ Zwei Geraden g und h heißen **senkrecht zueinander**, wenn sie einen
rechten Winkel (Maßzahl 90°) einschließen; im Zeichen: $g \perp k$ und $h \perp k$.

▶ Zwei Geraden g und h heißen **parallel zueinander**, wenn sie eine gemeinsame
Senkrechte besitzen; im Zeichen: $g \parallel h$.

▶ Zwei verschiedene parallele Geraden haben keinen Schnittpunkt.

$g \perp k$ und $h \perp k$, also: $g \parallel h$

1. Zeichne die Parallele zu g durch den Punkt P mit dem Geodreieck.

(1) Senkrechte als Hilfslinie zeichnen

(2) Parallele zeichnen

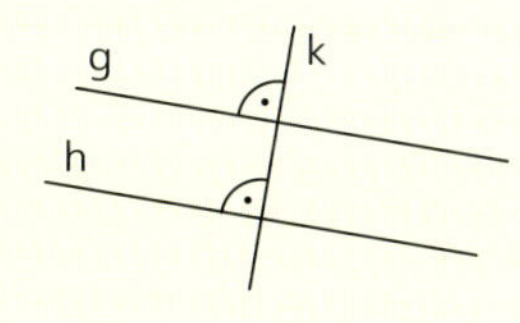
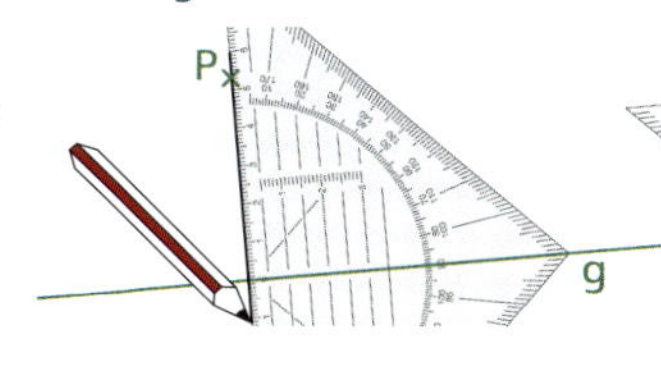
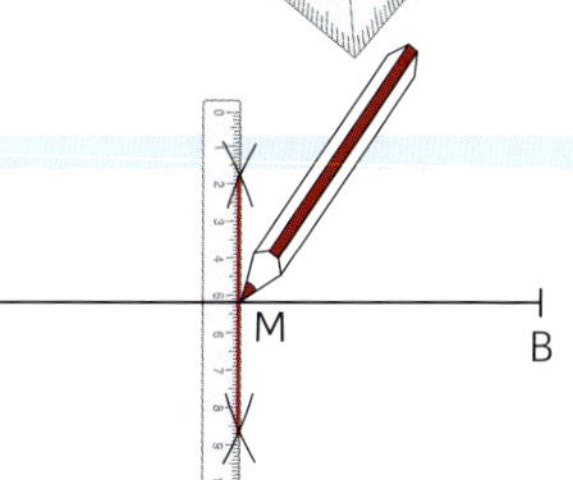

Grundkonstruktionen mit Zirkel und Lineal

▶ Das Halbieren einer Strecke oder eines Winkels sowie das Konstruieren eines rechten Winkels nennt man Grundkonstruktionen.

2. Halbiere die Strecke $\overline{AB}$.

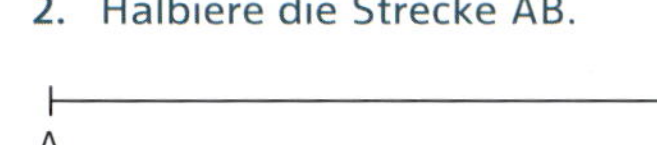

(1) Kreisbögen mit gleichem Radius um A und B zeichnen, die sich schneiden.

(2) Schnittpunkte verbinden, M ist der Schnittpunkt der Verbindungsgeraden mit $\overline{AB}$.

3. Halbiere den Winkel α.

(1) Kreisbogen um A, der die Schenkel des Winkels in P und Q trifft.

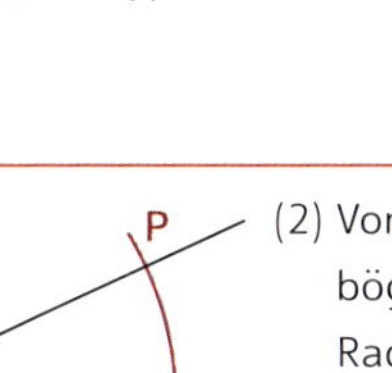

(2) Von P und Q aus Kreisbögen mit gleichem Radius zeichnen, die sich in H schneiden.

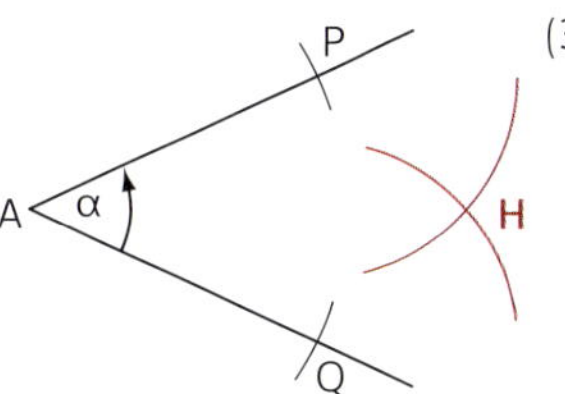

(3) Strahl von A aus durch H zeichnen.

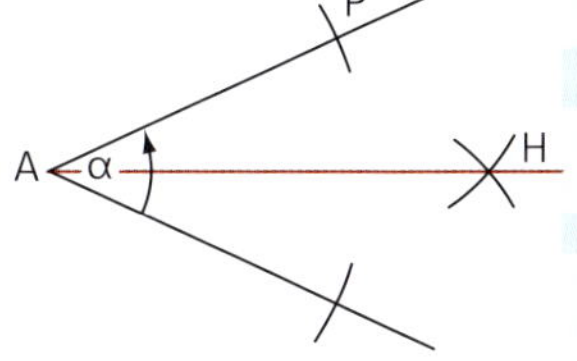

4. Konstruiere die Senkrechte s und die Parallele p zur Geraden g durch einen Punkt P.

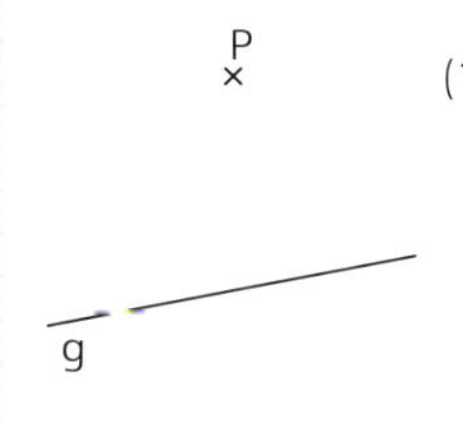

(1) Kreisbogen um P zeichnen, der g in den Punkten A und B schneidet.

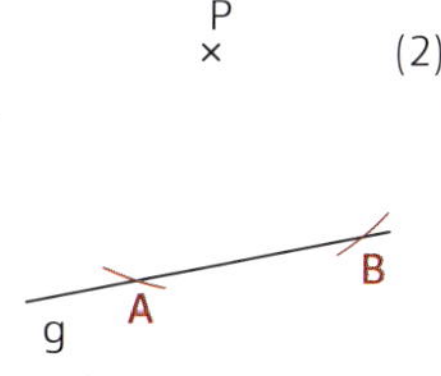

(2) Strecke $\overline{AB}$ halbieren (siehe oben)

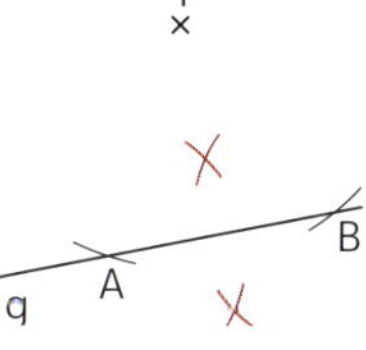

(3) Die beiden Schnittpunkte und P legen die Senkrechte fest.

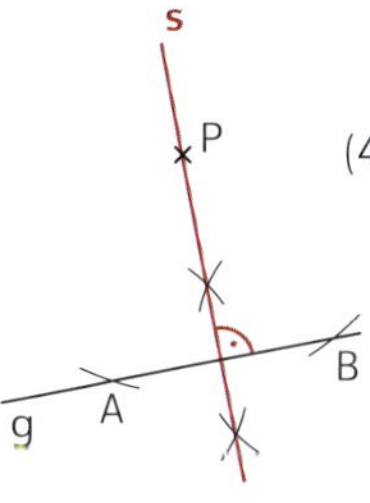

(4) Zwei Punkte C und D auf s in gleichem Abstand von P festlegen und $\overline{CD}$ halbieren (siehe oben).

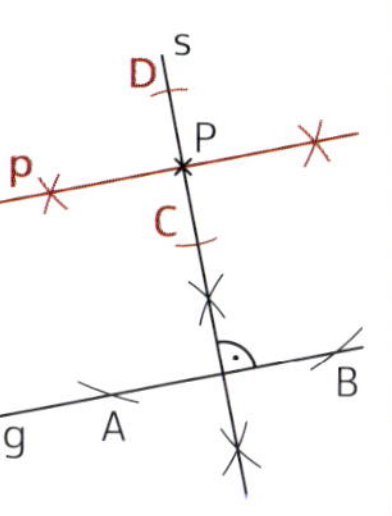

Koordinatensystem

▶ In einem **Koordinatensystem** kann man die Lage von Punkten durch Zahlen (**Koordinaten**) beschreiben.

▶ Das Koordinatensystem wird durch zwei Zahlengeraden (die **Koordinatenachsen**) festgelegt, die sich rechtwinklig im **Koordinatenursprung** schneiden. Die waagerechte wird meist als **x-Achse**, die senkrechte meist als **y-Achse** bezeichnet.

▶ Jeder Punkt der Ebene wird durch ein Zahlenpaar beschrieben. Die erste Zahl heißt **x-Koordinate** (oder Abszisse), die zweite **y-Koordinate** (oder Ordinate); z. B. $P(2|-1)$, allgemein $P(x|y)$.

▶ Das Koordinatensystem ist in vier **Quadranten** I, II, III, IV eingeteilt.

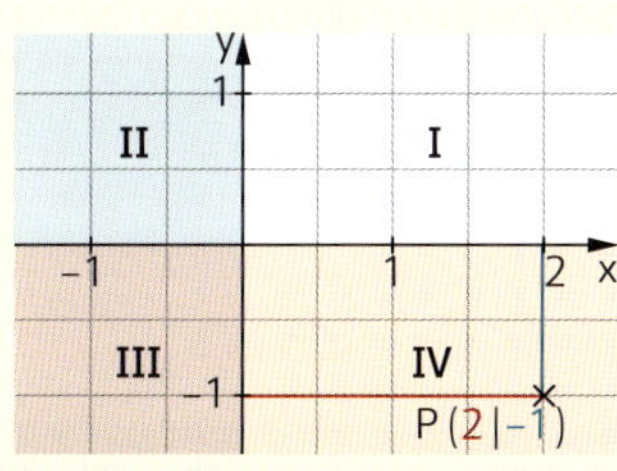

4. Trage die Punkte $A(4|3)$, $B(-2|3)$, $C(-4|-1)$ und $D(2|-1)$ in das Koordinatensystem ein und verbinde sie zum Viereck ABCD.

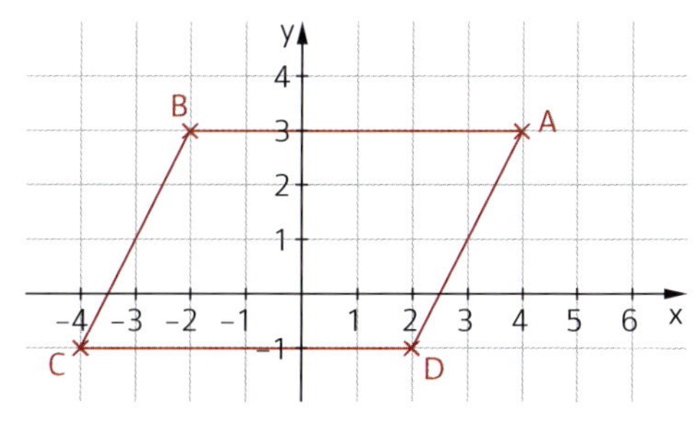

3 Winkelarten und Winkelpaare

Winkelarten

▶ **spitzer Winkel**
$0° < \alpha < 90°$

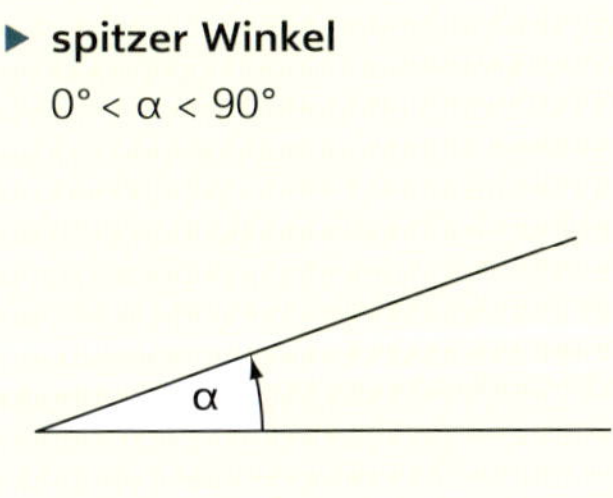

▶ **rechter Winkel**
$\alpha = 90°$

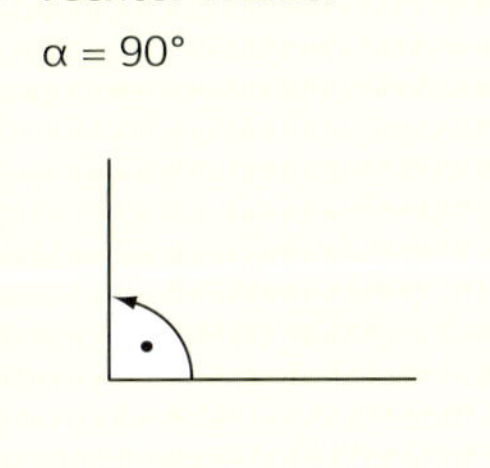

▶ **stumpfer Winkel**
$90° < \alpha < 180°$

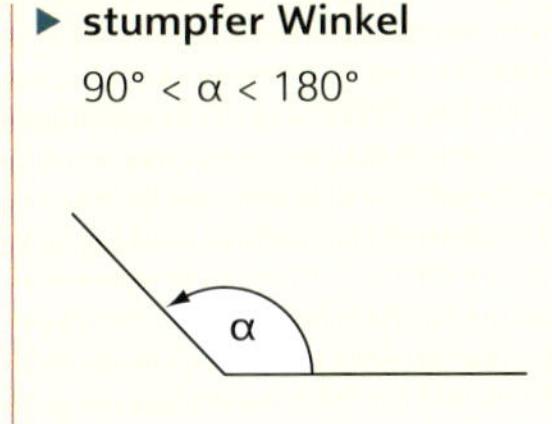

▶ **gestreckter Winkel**
$\alpha = 180°$

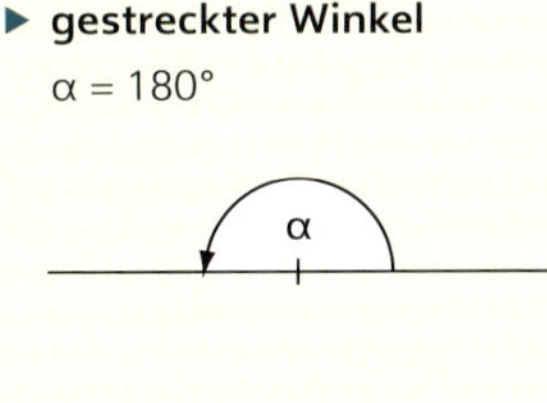

▶ **überstumpfer Winkel**
$\alpha > 180°$

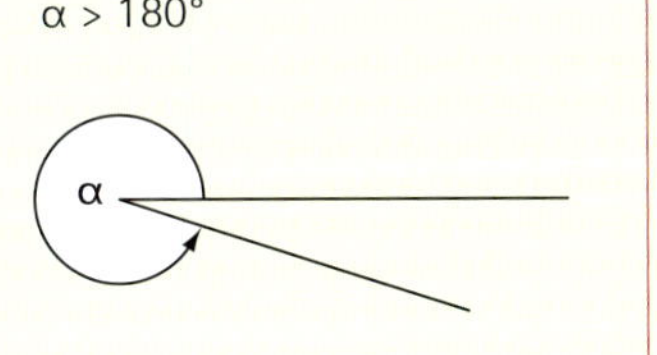

▶ **Vollwinkel**
$\alpha = 360°$

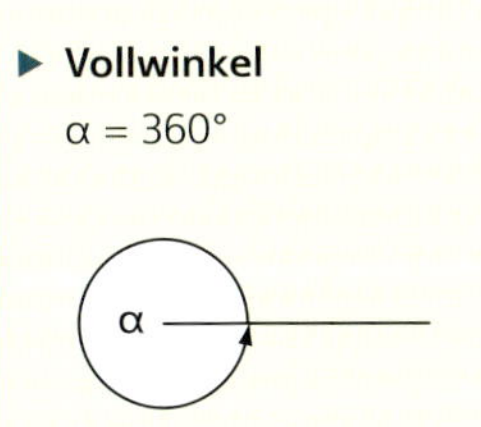

Winkelpaare

▶ **Nebenwinkel** haben einen gemeinsamen Schenkel. Die beiden anderen Schenkel bilden eine Gerade.

$$\alpha + \beta = 180°$$

α und β sind Nebenwinkel zueinander.

▶ **Scheitelwinkel** treten an sich schneidenden Geraden auf. Sie haben einen gemeinsamen Scheitelpunkt, aber keinen gemeinsamen Schenkel.

$$\alpha = \beta$$

α und β sind Scheitelwinkel zueinander.

Die Geraden g und h werden von einer dritten Geraden k geschnitten.

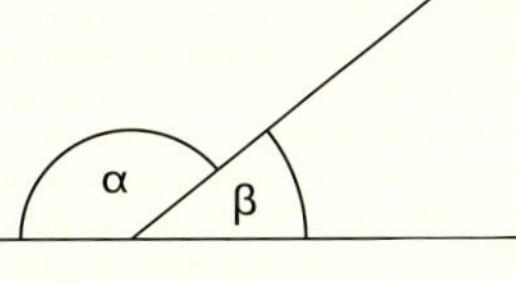

▶ Die gleich gefärbten Winkel sind **Stufenwinkel** zueinander.

▶ Die gleich gefärbten Winkel sind **Wechselwinkel** zueinander.

Sind die geschnittenen Geraden g und h parallel, dann sind Stufenwinkel und Wechselwinkel gleich groß, sonst nicht.

1. Notiere den fehlenden Winkel.
   a) α_1 ist Scheitelwinkel zu: α_3
   b) β_4 ist Nebenwinkel zu: β_1 (oder β_3)
   c) γ_2 ist Scheitelwinkel zu: γ_4
   d) δ_2 und δ_4 sind Nebenwinkel zu: δ_1 (oder δ_3)

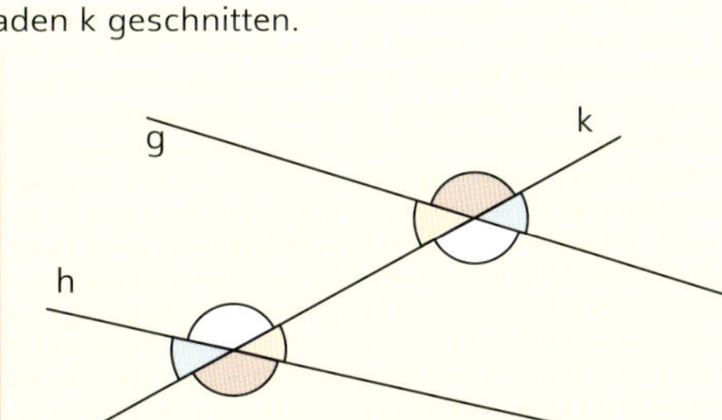

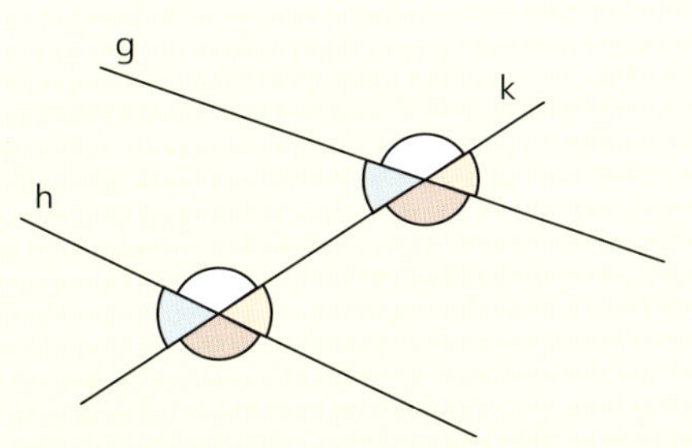

2. Notiere den Buchstaben w, wenn die Aussage wahr ist, und den Buchstaben f, wenn sie falsch ist.

   a) δ_2 und γ_4 sind Wechselwinkel. — w | δ_2 und γ_4 sind gleich groß. — w
   b) α_2 und δ_2 sind Stufenwinkel. — w | α_2 und δ_2 sind gleich groß. — f
   c) β_2 und δ_2 sind Wechselwinkel. — f | β_2 und δ_2 sind gleich groß. — f
   d) γ_3 und γ_4 sind Nebenwinkel. — w | γ_3 und γ_4 sind gleich groß. — f
   e) α_1 und β_3 sind Wechselwinkel — w | α_1 und β_3 sind gleich groß. — w
   f) δ_1 und α_3 sind Wechselwinkel. — w | δ_1 und α_3 sind gleich groß. — f
   g) α_4 und β_3 sind Stufenwinkel. — f | α_4 und β_3 sind gleich groß. — f

4 Winkelsumme in Vielecken, Dreiecksarten

Winkelsumme im Dreieck

▶ In jedem Dreieck beträgt die Winkelsumme 180°.

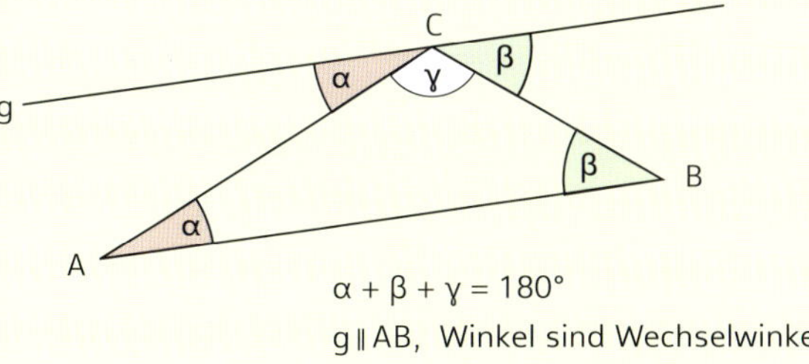

$$\alpha + \beta + \gamma = 180°$$
g ∥ AB, Winkel sind Wechselwinkel

1. In einem Dreieck gilt $\alpha = 73°$ und $\beta = 64°$. Wie groß ist γ?

$$73° + 64° + \gamma = 180°$$
$$137° + \gamma = 180° \mid -137°$$
$$\gamma = 43°$$

2. In einem Dreieck gilt $\alpha = \beta$. γ ist 78° groß. Wie groß ist α?

$$\alpha + \alpha + 78° = 180°$$
$$2\alpha + 78° = 180° \mid -78°$$
$$2\alpha = 102° \mid :2$$
$$\alpha = 51°$$

Winkelsumme im Viereck, Fünfeck, ... n-Eck

▶ Im n-Eck beträgt die Winkelsumme $W = (n - 2) \cdot 180°$.

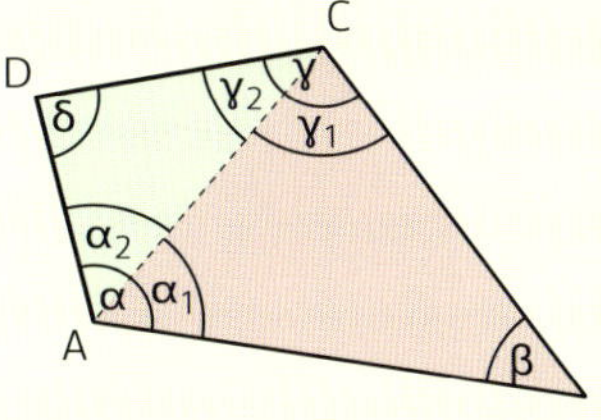

$$\alpha_1 + \beta + \gamma_1 = 180°$$
$$\alpha_2 + \delta + \gamma_2 = 180°$$
$$\alpha + \beta + \gamma + \delta = 360°$$

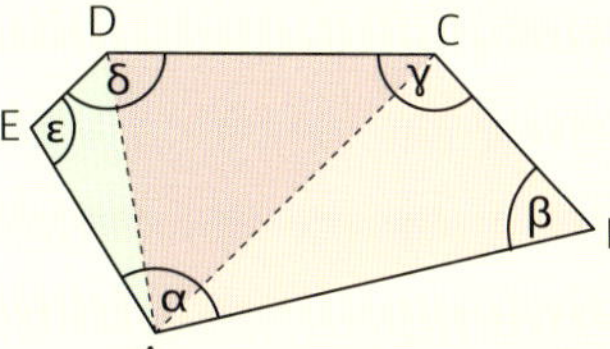

$$\alpha + \beta + \gamma + \delta + \varepsilon = 3 \cdot 180°$$
$$\alpha + \beta + \gamma + \delta + \varepsilon = 540°$$

Jedes n-Eck kann in $n - 2$ Dreiecke zerlegt werden.

3. In einem Viereck ist $\alpha = 43°$. γ ist doppelt so groß wie β und δ noch 2° größer als γ. Berechne die Winkel β, γ, und δ.

$$\gamma = 2\beta \quad \text{und} \quad \delta = 2\beta + 2°$$

$$\alpha + \beta + \gamma + \delta = 360°$$
$$43° + \beta + 2\beta + 2\beta + 2° = 360°$$
$$5\beta + 45° = 360° \mid -45°$$
$$5\beta = 315° \mid :5$$
$$\beta = 63°$$

4. Wie groß ist die Winkelsumme in einem Zwölfeck?

$$W = (n - 2) \cdot 180° \Rightarrow W = (12 - 2) \cdot 180°$$
$$W = 1800°$$

Dreiecksarten

▶ **spitzwinkliges Dreieck**
Alle Winkel sind kleiner als 90°.

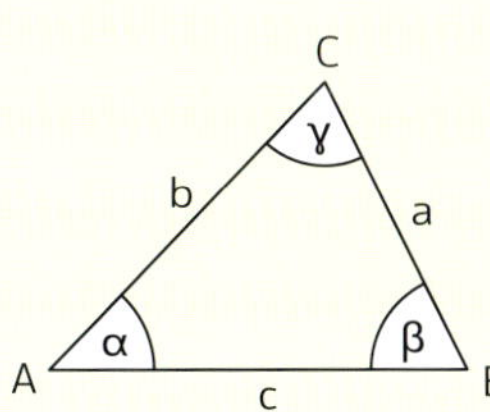

▶ **rechtwinkliges Dreieck**
Ein Winkel ist ein rechter Winkel, die beiden anderen sind spitz.

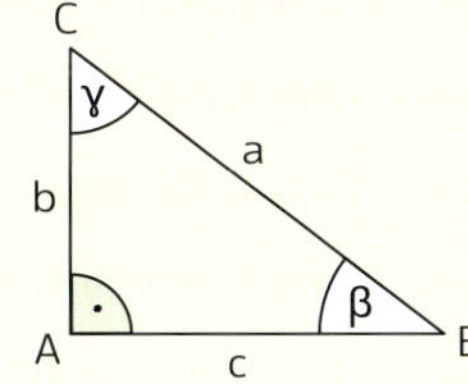

▶ **stumpfwinkliges Dreieck**
Ein Winkel ist stumpf, die beiden anderen sind spitz.

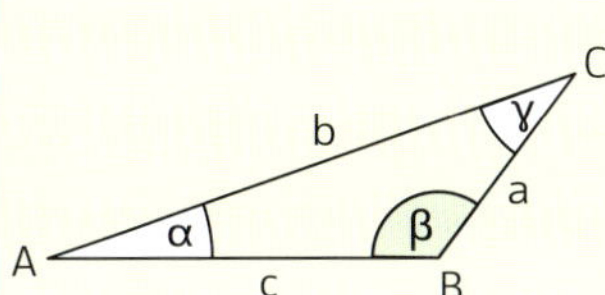

▶ **gleichschenkliges Dreieck**
$\alpha = \beta$ und $a = b$

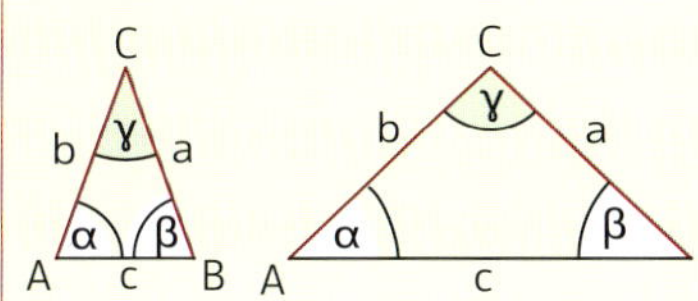

▶ **rechtwinklig-gleichschenkliges Dreieck**
$\alpha = \beta = 45°$ und $a = b$

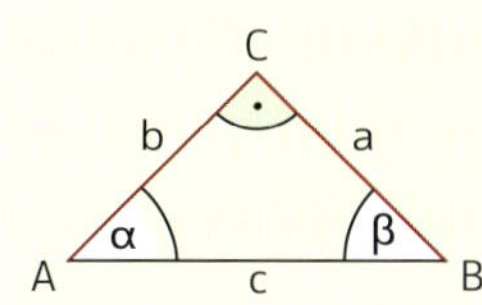

▶ **gleichseitiges Dreieck**
$\alpha = \beta = \gamma = 60°$
$a = b = c$

5 Kongruenzsätze für Dreiecke, Dreieckskonstruktionen, Beweise

Kongruenzsätze und Dreieckskonstruktionen

- Dreiecke, bei denen entsprechende Seiten gleich lang und entsprechende Winkel gleich groß sind, heißen **kongruent** zueinander.

- **Kongruenzsätze**

  Zwei Dreiecke sind kongruent, wenn sie übereinstimmen in

  1) allen drei Seiten (SSS);
  2) in zwei Seiten und dem eingeschlossenen Winkel (SWS);
  3) in zwei Seiten und dem Gegenwinkel der größeren Seite (SsW);
  4) in einer Seite und zwei Winkeln (WSW oder SWW).

> Kongruent heißt deckungsgleich. Zwei Figuren sind kongruent, wenn sie ausgeschnitten und übereinandergelegt genau zur Deckung kommen können.

- Analog zu den Kongruenzsätzen gibt es **vier Grundkonstruktionen**.

- Bei Vorgabe von **drei geeigneten Maßen** ist auf der Grundlage der Kongruenzsätze die **eindeutige Konstruktion** eines Dreiecks möglich.

- Zu einer Konstruktion gehören in der Regel eine **Planskizze**, in der man die gegebenen Teile hervorhebt, und eine Beschreibung der einzelnen **Konstruktionsschritte**.

- Mit dem Geodreieck darf man höchstens eine gegebene Seite sowie die Winkel abtragen. Alle weiteren Seitenlängen werden mit dem Zirkel konstruiert. Manche der Konstruktionen könnte man auch nur mit dem Geodreieck erledigen, dann gilt es aber *nicht* mehr als Konstruktion!

- Sind bei einer Konstruktion mehrere Lösungen denkbar (z. B. bei Aufgabe 1, Punkt C könnte auch unterhalb der Strecke $\overline{AB}$ liegen), dann verwendet man nur die mit positivem mathematischen Drehsinn (siehe S. 1).

Beweise

- Mathematische Sätze enthalten mindestens eine **Voraussetzung** und eine **Behauptung**, die bewiesen werden muss.
- Mithilfe der Kongruenzsätze können geometrische Beweise geführt werden.

---

1. Konstruiere ein Dreieck aus $a = 3{,}5\,cm$; $b = 1{,}8\,cm$ und $c = 3{,}6\,cm$.

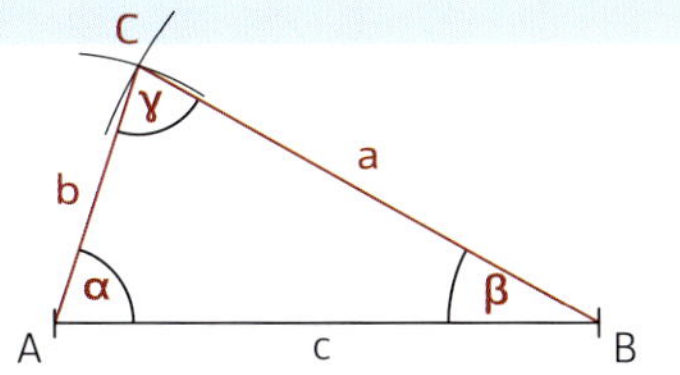

Planskizze

(1) Man zeichnet die Strecke $\overline{AB}$ mit der Länge $c = 3{,}6\,cm$.

(2) Man zeichnet Kreisbögen um A mit Radius $b = 1{,}8\,cm$, um B mit Radius $a = 3{,}5\,cm$.

(3) Schnittpunkt ist C. Man verbindet A und B mit C und benennt fehlende Seiten und Winkel.

---

2. Konstruiere ein Dreieck aus $b = 1{,}6\,cm$, $c = 3{,}2\,cm$ und $\alpha = 58°$.

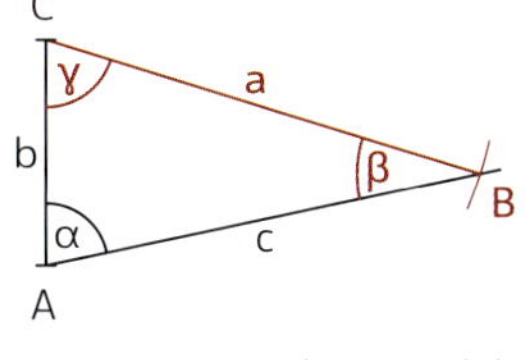

Planskizze

(1) Man zeichnet die Strecke $\overline{AB}$ mit der Länge $c = 3{,}2\,cm$.

(2) Man trägt an $\overline{AB}$ im Punkt A den Winkel $\alpha = 58°$ an.

(3) Um A schlägt man einen Kreisbogen mit Radius $b = 1{,}6\,cm$, Schnittpunkt mit dem freien Schenkel von α ist C.

---

3. Konstruiere ein Dreieck aus $a = 3\,cm$, $b = 1{,}5\,cm$ und $\alpha = 78°$.

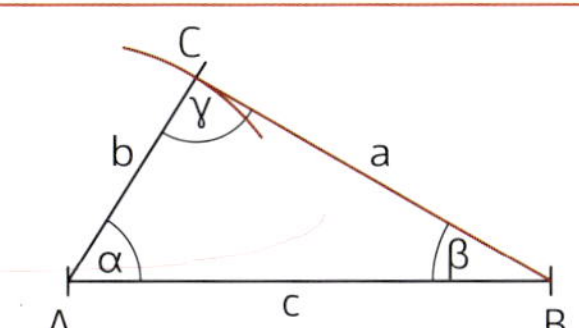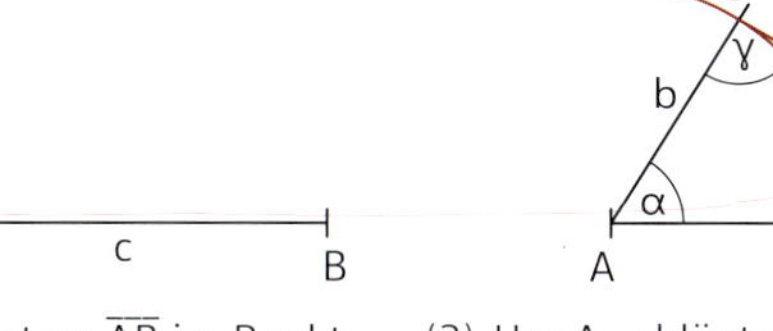

Planskizze

(1) Man zeichnet die Strecke $\overline{AC}$ mit der Länge $b = 1{,}5\,cm$.

(2) Man trägt an $\overline{AC}$ im Punkt A den Winkel $\alpha = 78°$ an.

(3) Um C schlägt man einen Kreisbogen mit dem Radius $a = 3\,cm$; Schnittpunkt mit dem freien Schenkel von α ist B.

---

4. Konstruiere ein Dreieck aus $c = 3{,}1\,cm$, $\alpha = 40°$ und $\beta = 50°$.

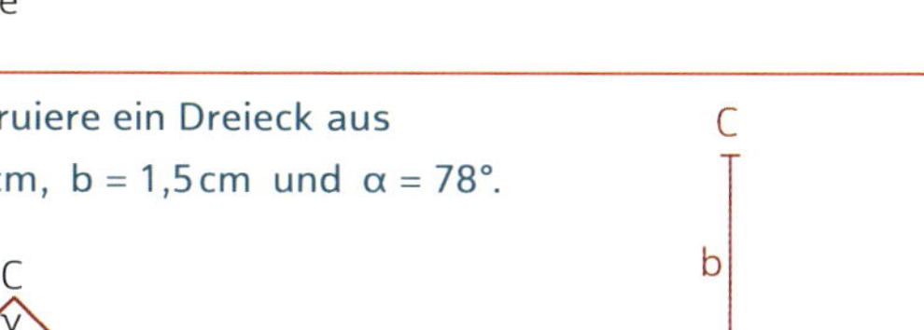

Planskizze

(1) Man zeichnet die Strecke $\overline{AB}$ mit der Länge $c = 3{,}1\,cm$.

(2) Man trägt an $\overline{AB}$ im Punkt A den Winkel $\alpha = 40°$ an.

(3) Man trägt an $\overline{AB}$ im Punkt B den Winkel $\beta = 50°$ an. Schnittpunkt der beiden freien Schenkel von α und β ist C.

---

5. Beweise: „In gleichschenkligen Dreiecken sind die Basiswinkel kongruent".

Voraussetzung: $a = b$; Behauptung: $\alpha = \beta$; Beweisskizze siehe rechts. (1) Von C aus wird die Senkrechte d auf die Seite c gezeichnet. Der Fußpunkt ist D. (2) Die Dreiecke ADC und BCD sind kongruent nach SsW: Sie haben d gemeinsam, die Winkel bei D sind beide rechte Winkel, $a = b$ gilt nach Voraussetzung und a und b sind die jeweils längsten Seiten in ihren Dreiecken. (3) Aus der Kongruenz der Dreiecke folgt $\alpha = \beta$.

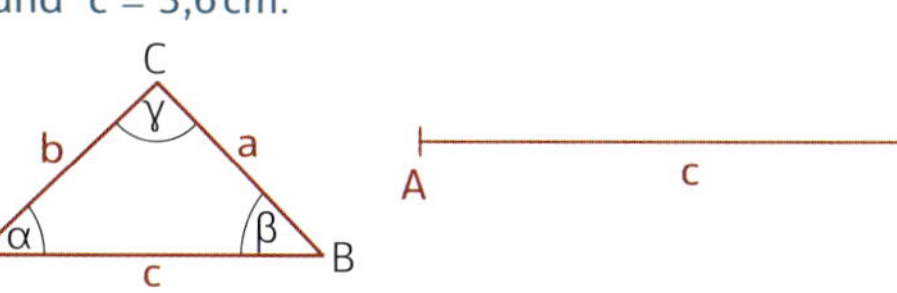

6 Kongruenzabbildungen

Achsenspiegelung

▶ Gegeben ist eine Gerade s als Spiegelachse.
▶ Für einen Punkt P und seinen Bildpunkt P'
   gilt Folgendes:
   $P \notin s$: (1) $\overline{PP'} \perp s$
        (2) $\overline{PP'}$ wird von s halbiert.
   $P \in s$: $P' = P$

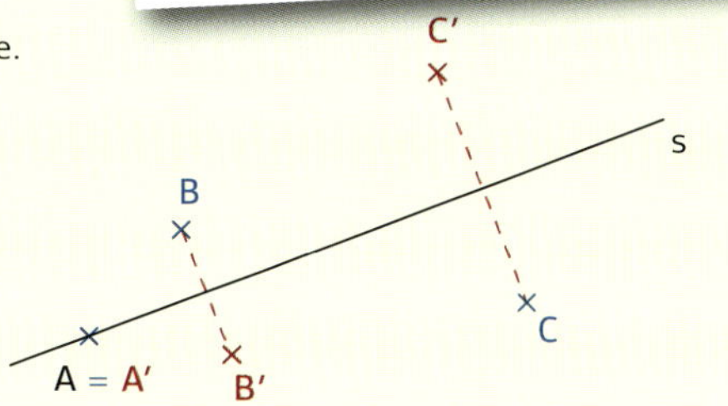

1. Spiegele das Dreieck ABC an der Achse s mit Zirkel und Lineal.

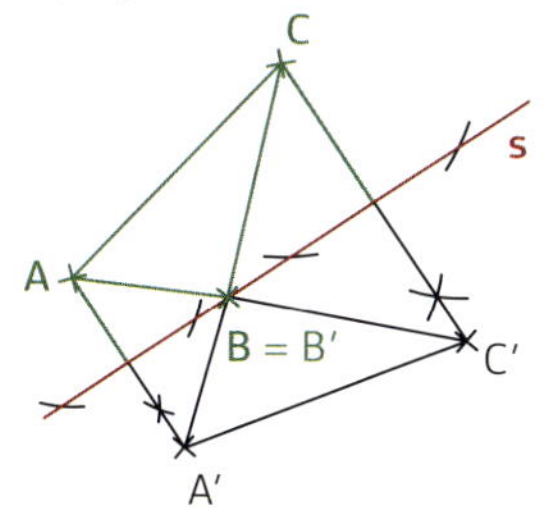

(1) Man konstruiert die Senkrechte durch A zu s.
(2) Man trägt den Abstand zwischen A und s auf der Senkrechten in
    der anderen Halbebene ab und erhält A'.
(3) Man konstruiert C' entsprechend und verbindet
    A' mit B' (= B) und C' sowie B' und C'.

Drehung und Punktspiegelung

▶ **Drehung:** Gegeben ist ein Drehzentrum Z und
   ein Drehwinkel α. Die Drehung erfolgt entge-
   gen dem Uhrzeigersinn. Für einen Punkt P
   und seinen Bildpunkt P' gilt Folgendes:
   (1) $|ZP| = |ZP'|$
   (2) $\sphericalangle\, PZP' = \alpha$

▶ **Punktspiegelung:** Die Punktspiegelung ist
   eine Drehung um 180°. P, Z und P'
   liegen auf einer Geraden, Z ist Mittelpunkt
   von $\overline{PP'}$.

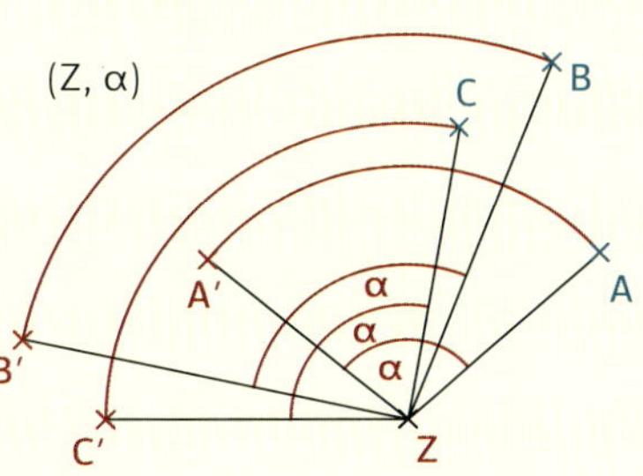

2. Drehe die Figur L mit den Punkten A, B und
   C um den Punkt Z um 130°.

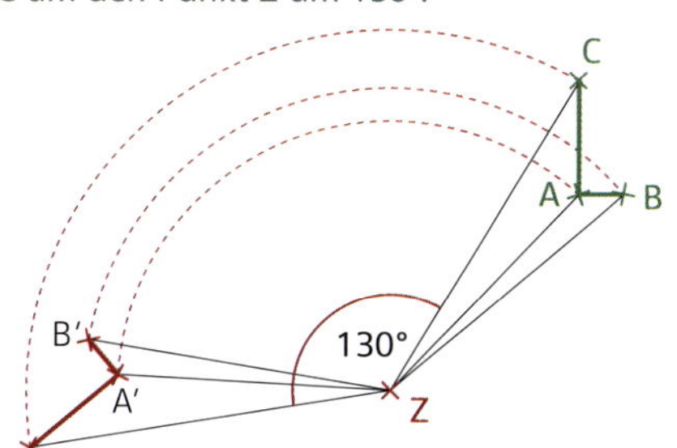

3. Spiegele das Dreieck PQR am Punkt A.

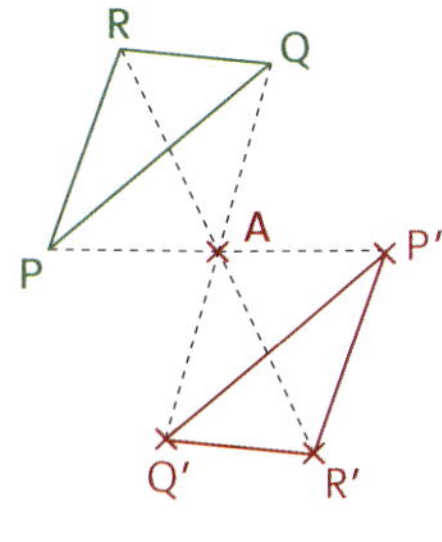

Zur Konstruktion werden das Geodreieck und der Zirkel verwendet.

Verschiebung

▶ Gegeben ist ein Verschiebungspfeil $\vec{v}$.
▶ Er wird auch als **Vektor** bezeichnet.
▶ Für einen Punkt P und seinen Bildpunkt P'
   gilt Folgendes:
   (1) $\overline{PP'}$ ist genauso lang wie $\vec{v}$.
   (2) $\overline{PP'}$ ist parallel zu $\vec{v}$ und gleichgerichtet.

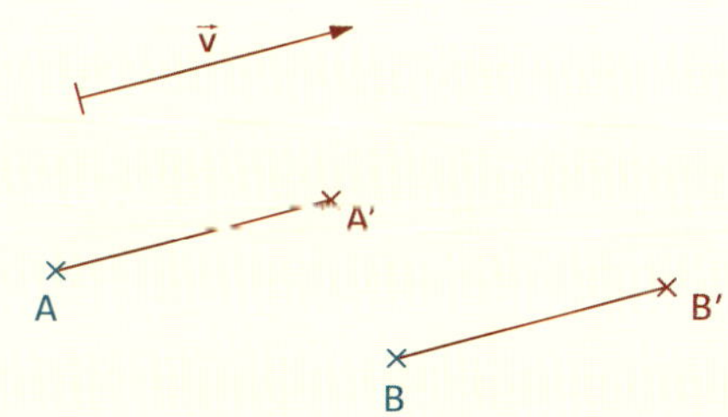

4. Verschiebe das Quadrat ABCD um den gegebenen Vektor.

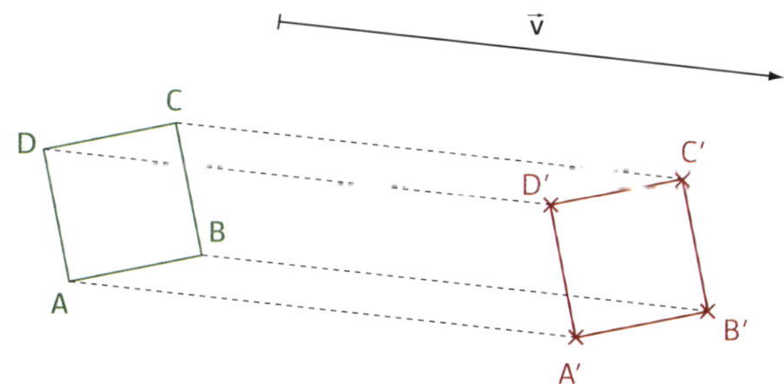

7 Symmetrien

Achsensymmetrie

▶ Eine Figur F heißt **achsensymmetrisch**, wenn es eine Spiegelachse s gibt, sodass F bei Spiegelung an s auf sich selbst abgebildet wird. Dann heißt s **Symmetrieachse** von F.

Das Quadrat hat vier Symmetrieachsen. Der Kreis hat unendlich viele Symmetrieachsen.

1. Welche der Verkehrsschilder sind achsensymmetrisch? Trage alle Symmetrieachsen ein.

2. Ergänze zu einer achsensymmetrischen Figur.

Drehsymmetrie

▶ Eine Figur F heißt **drehsymmetrisch**, wenn es eine Drehung (Z, α) mit 0° < α < 360° gibt, sodass F durch diese Drehung auf sich selbst abgebildet wird.

▶ Eine Figur kann auch bezüglich mehr als einer Drehung drehsymmetrisch sein.

Diese Figur ist drehsymmetrisch bezüglich (Z, 120°) und (Z, 240°).

Diese Figur ist drehsymmetrisch bezüglich (P, 72°), (P, 144°), (P, 216°) und (P, 288°).

3. Welche Figuren sind drehsymmetrisch?

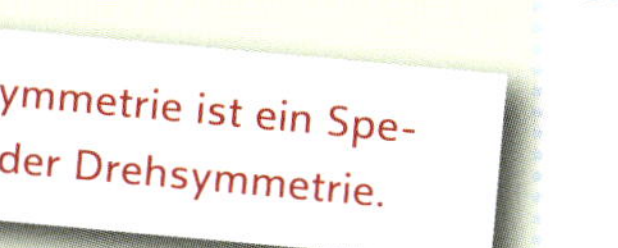
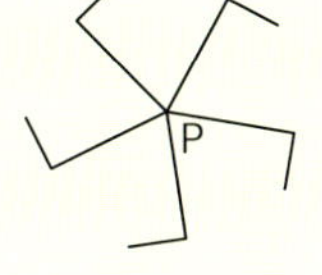

Drehsymmetrisch sind die Figuren ② (Z, 180°) und ③ (Z, 60°); (Z, 120°); (Z, 180°); (Z, 240°); (Z, 300°).

4. Nenne alle Drehungen, zu denen der rote Windmühlenflügel drehsymmetrisch ist.

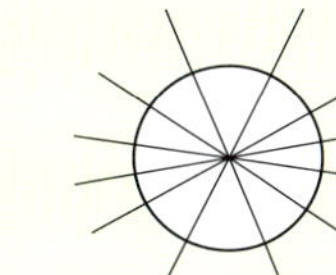

(Z, 45°); (Z, 90°); (Z, 135°); (Z, 180°); (Z, 225°); (Z, 270°); (Z, 315°)

Punktsymmetrie

▶ Eine Figur F heißt **punktsymmetrisch**, wenn es einen Punkt Z gibt, sodass F bei Spiegelung an Z auf sich selbst abgebildet wird.

▶ Dann heißt Z **Symmetriepunkt** von F. Jede Figur hat höchstens einen Symmetriepunkt.

Punktsymmetrie ist ein Spezialfall der Drehsymmetrie.

5. Notiere alle punktsymmetrischen Großbuchstaben und Ziffern.

6. Ergänze zu einer punktsymmetrischen Figur.

8 Linien im Dreieck

Mittelsenkrechte

▶ Die **Mittelsenkrechten** eines Dreiecks schneiden sich in einem Punkt.
Er ist der Mittelpunkt des **Umkreises**.

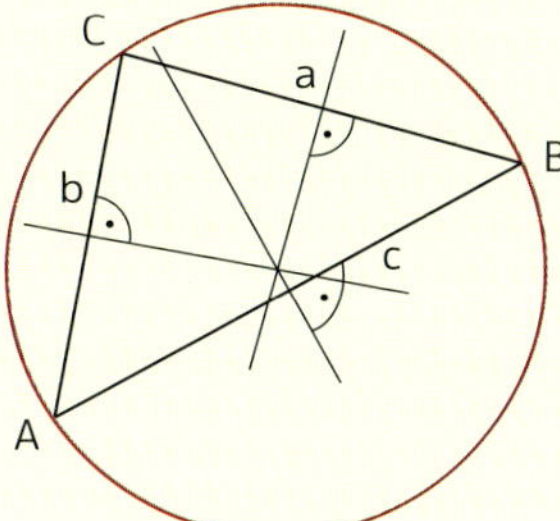
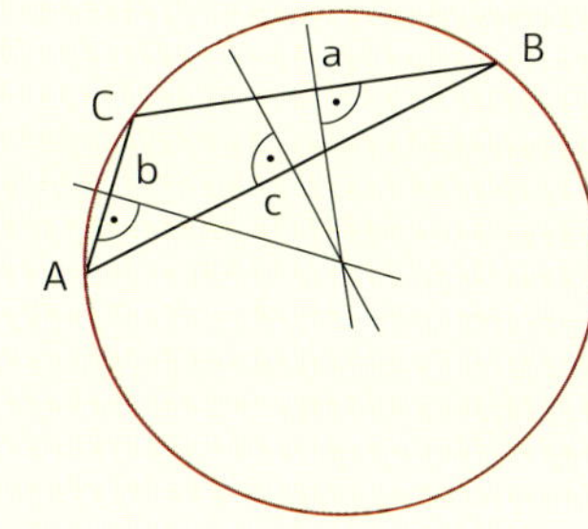

1. A, B und C sind die Zentren der Orte Arnsbeck, Biebelstein und Camphausen.
   Auf der freien Fläche zwischen diesen Orten soll ein Einkaufszentrum entstehen, das von den drei Ortszentren gleich weit entfernt ist.
   Wo ist das Einkaufszentrum E zu planen?

   Das Einkaufszentrum ist auf dem Schnittpunkt der Mittelsenkrechten zu planen.

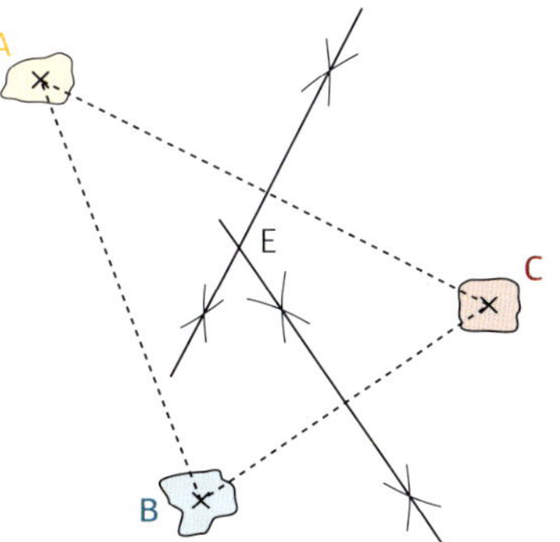

Winkelhalbierende

▶ Die **Winkelhalbierenden** eines Dreiecks schneiden sich in einem Punkt.
Er ist der Mittelpunkt des **Inkreises**.

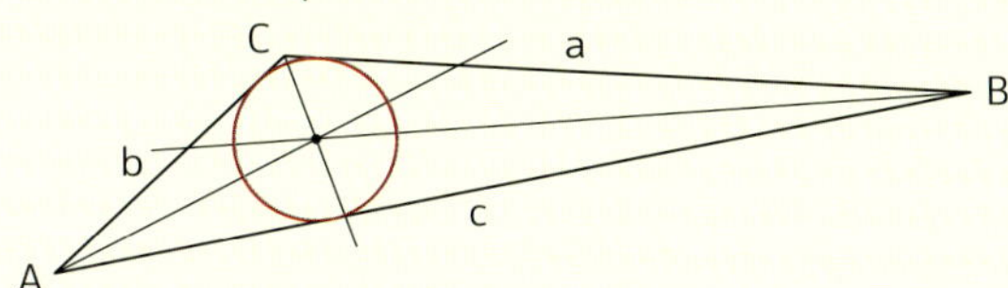

2. Abgebildet sind von einem Dreieck die Seite b, der Winkel α und der Inkreis.
   Vervollständige das Dreieck.

   (1) C mit M verbinden.
   (2) Winkel bei C zu γ verdoppeln.
   (3) Strahlen c und a bis zum Treffpunkt B verlängern.

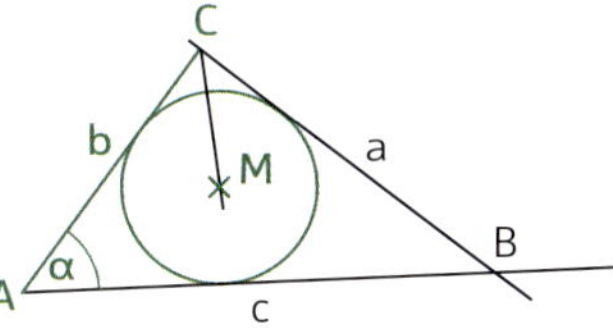

Seitenhalbierende und Höhe

▶ Die **Seitenhalbierenden** eines Dreiecks verbinden die Eckpunkte mit den gegenüberliegenden Seitenmitten.
Sie treffen sich im **Schwerpunkt** des Dreiecks.

▶ Die **Höhengeraden** eines Dreiecks sind die Senkrechten durch die Eckpunkte zu den Trägergeraden der gegenüberliegenden Seiten.
Die Höhen sind die Abstände zwischen den Eckpunkten und den Trägergeraden.

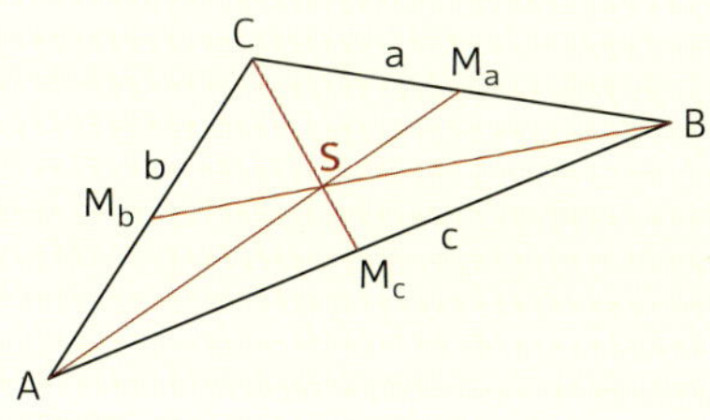
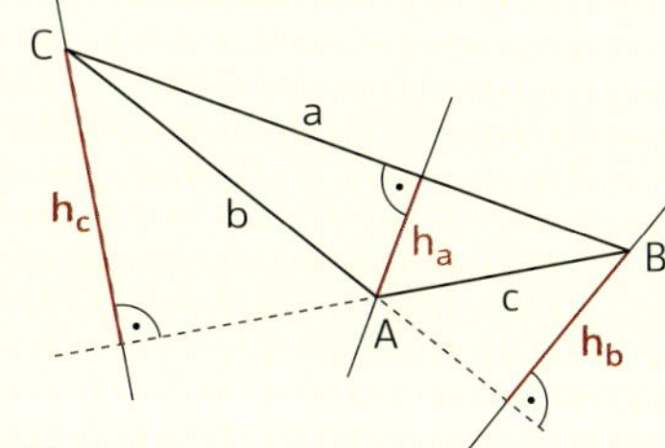

3. Konstruiere den Schwerpunkt des Dreiecks mit a = 4,1 cm; b = 3,5 cm und c = 5,2 cm.

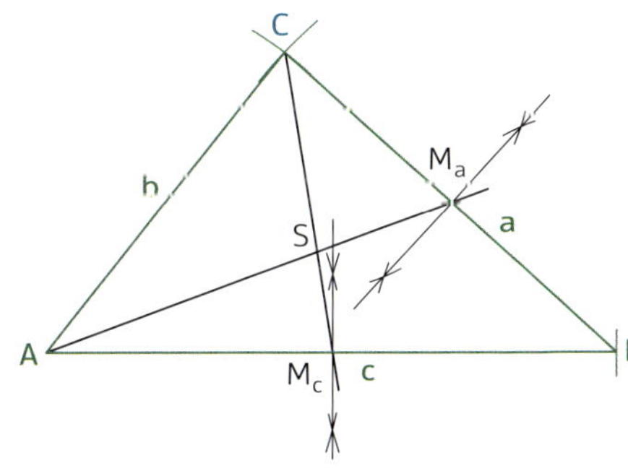

4. Zeichne die Höhe h_c ein und miss ihre Länge.
   h_c = 3,4 cm

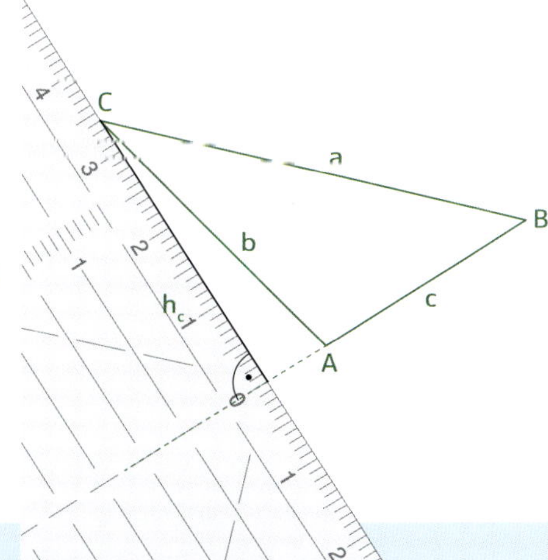

9 Kreis und Gerade

Lage von Geraden zum Kreis

- Eine Gerade durch den Mittelpunkt des Kreises heißt **Zentrale**.
- Eine Gerade, die den Kreis in zwei Punkten schneidet, heißt **Sekante**; die ausgeschnittene Strecke **Sehne**.
- Eine Gerade, die den Kreis in einem Punkt berührt, heißt **Tangente**.
- Eine Gerade, die den Kreis in keinem Punkt trifft, heißt **Passante**.

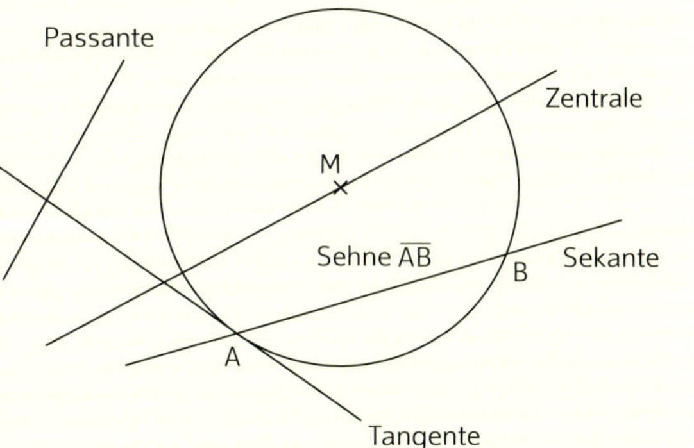

1. Begründe den Satz:

   Ist A ein Punkt auf dem Kreis und M sein Mittelpunkt, so ist die Senkrechte s zu $\overline{AM}$ durch A Tangente des Kreises.

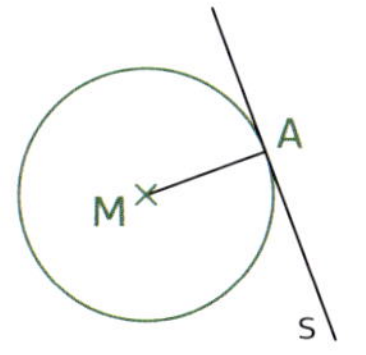

$\overline{AM}$ ist die kürzeste Verbindung zwischen M und s. Alle anderen Punkte von s sind von M weiter entfernt als A und können deshalb keine Kreispunkte sein.

2. Gegeben ist ein Kreis und ein Kreispunkt A.

   Zeichne eine Sekante, aus der der Kreis eine 1,5 cm lange Sehne ausschneidet.

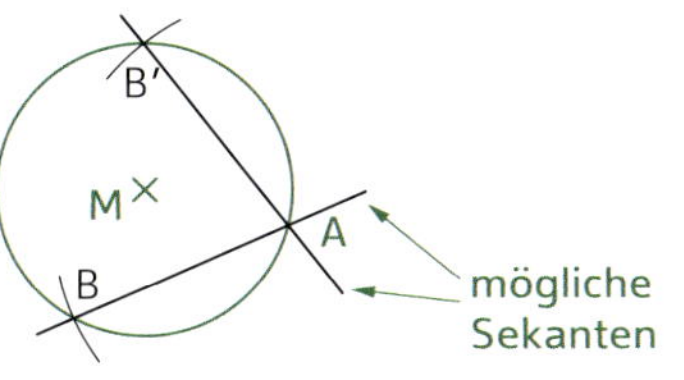

Kreisbogen um A mit r = 1,5 cm

Satz des Thales

- Liegt C auf dem Halbkreis über der Strecke $\overline{AB}$, so ist ∡ACB ein rechter Winkel.
- ∡ACB ist stumpf (spitz), wenn C innerhalb (außerhalb) des Halbkreises über $\overline{AB}$ liegt.

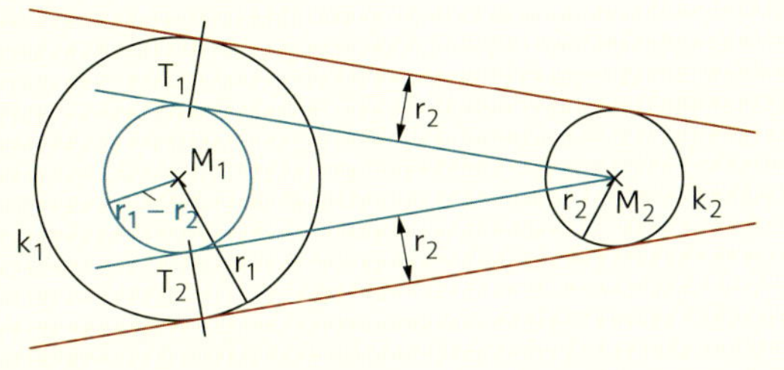

3. Beweise den Satz des Thales.

   (1) △AMC und △CMB sind gleichschenklig, haben also gleich große Basiswinkel.

   (2) Für beide Dreiecke zusammen ist die Winkelsumme 360°, die sich so zusammensetzt:

$$2\alpha + 2\beta + 180° = 360° \quad | -180°$$
$$2 \cdot (\alpha + \beta) = 180° \quad | :2$$
$$\alpha + \beta = 90°$$

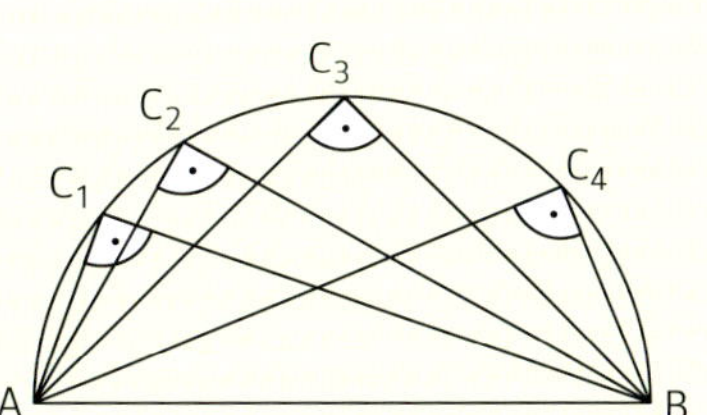

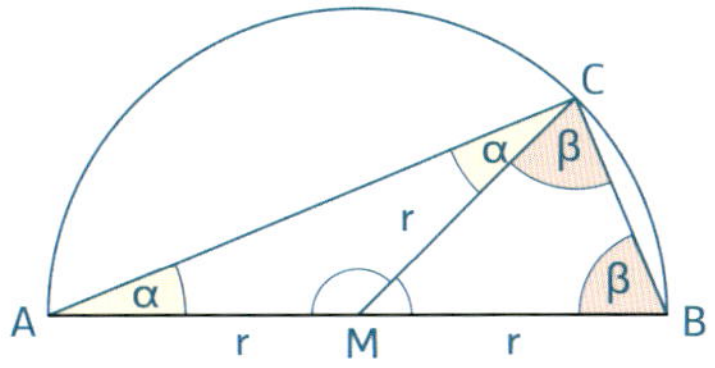

Konstruktion von Tangenten an Kreise

- Konstruktion der Tangenten eines Punktes P an einen Kreis k.

  (1) Thales-Kreis über der Strecke $\overline{PM}$ zeichnen, die Schnittpunkte mit k sind T_1 und T_2.

  (2) Die Geraden PT_1 und PT_2 zeichnen.

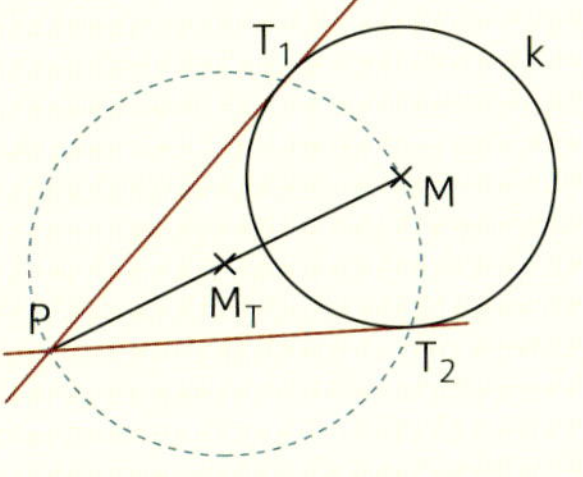

- Konstruktion der gemeinsamen äußeren Tangenten von zwei Kreisen k_1 und k_2.

  (1) Kreis um M_1 mit dem Radius $r_1 - r_2$ zeichnen und Tangenten von M_2 an diesen Kreis konstruieren.

  (2) Tangenten um r_2 verschieben.

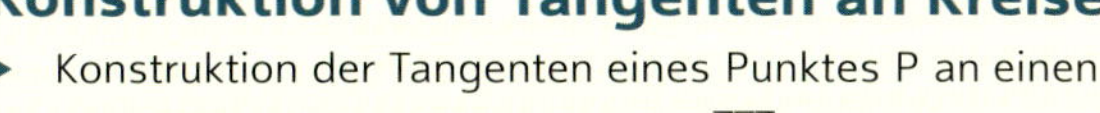

- Konstruktion der gemeinsamen inneren Tangenten von zwei Kreisen k_1 und k_2.

  (1) Kreis um M_2 mit dem Radius $r_1 + r_2$ zeichnen und Tangenten von M_1 an diesen Kreis konstruieren.

  (2) Tangenten um r_1 verschieben.

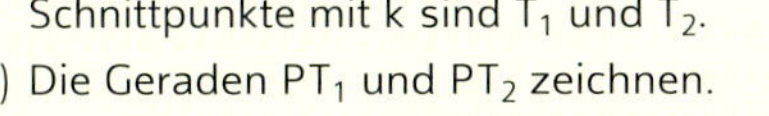

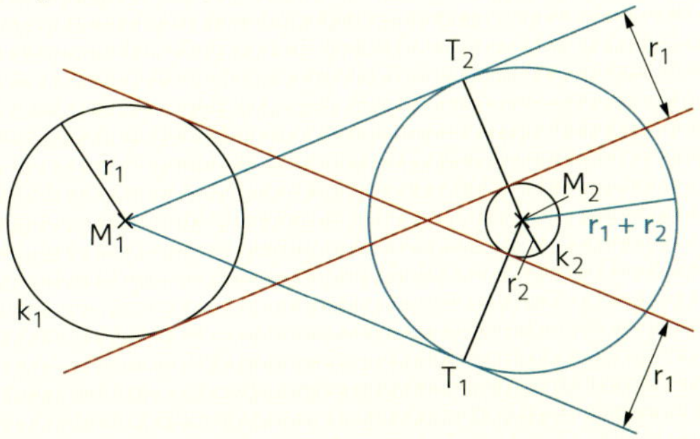

10 Winkel am Kreis, Umkreis und Inkreis bei Vierecken

Mittelpunkts-, Umfangs- und Sehnentangentenwinkel

▸ **Satz:**

Alle Umfangswinkel α_i über einer
Sehne $\overline{AB}$ sind gleich groß, und zwar genauso
groß wie der zugehörige Sehnentangentenwinkel γ und halb so groß wie der
Mittelpunktswinkel β zur Sehne $\overline{AB}$.

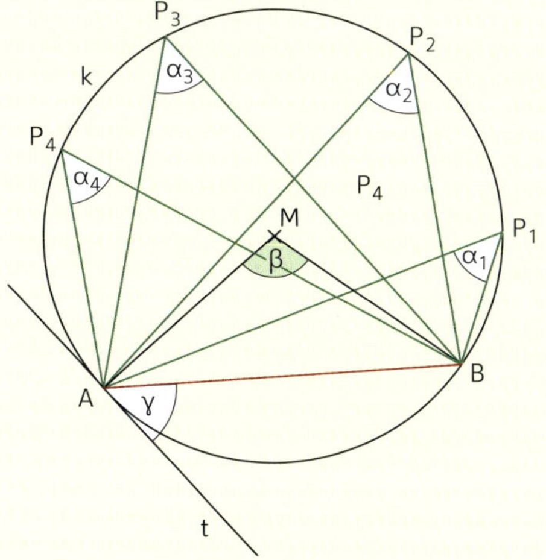

$\overline{AB}$ ist die Sehne des Kreises k.

α_i: **Umfangswinkel** über der Sehne $\overline{AB}$

β: **Mittelpunktswinkel** zur Sehne $\overline{AB}$

γ: **Sehnentangentenwinkel** zur Sehne $\overline{AB}$

1. Ein Scheinwerfer mit einem Öffnungswinkel
   von 50° soll so an der Häuserwand b
   der Parkstraße montiert werden, dass er
   gerade die Hotelfront $\overline{H_1H_2}$ genau ausleuchtet.

   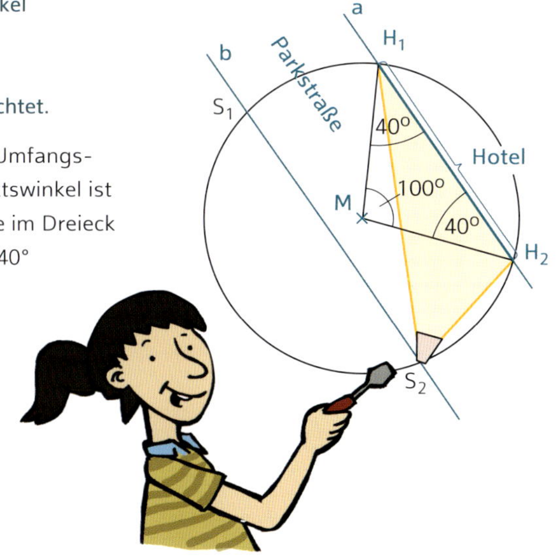

   $\overline{H_1H_2}$ ist die Sehne eines Kreises, dessen Umfangswinkel 50° betragen muss. Der Mittelpunktswinkel ist
   dann 100° groß. Wegen der Winkelsumme im Dreieck
   müssen bei H_1 und H_2 jeweils Winkel von 40°
   angetragen werden.
   So erhält man den Mittelpunkt
   und damit auch den Kreis.
   Wo der Kreis b trifft (S_1 oder S_2),
   kann der Scheinwerfer montiert werden.

Sehnenviereck und Tangentenviereck

▸ Ein Viereck, dessen Seiten Sehnen desselben
   Kreises sind, heißt **Sehnenviereck**.

▸ (1): In jedem Sehnenviereck messen gegen-
   überliegende Winkel zusammen 180°:
   $$\alpha + \gamma = \beta + \delta = 180°.$$

▸ (2): Aus $\alpha + \gamma = \beta + \delta$ folgt: ABCD ist ein Sehnenviereck.

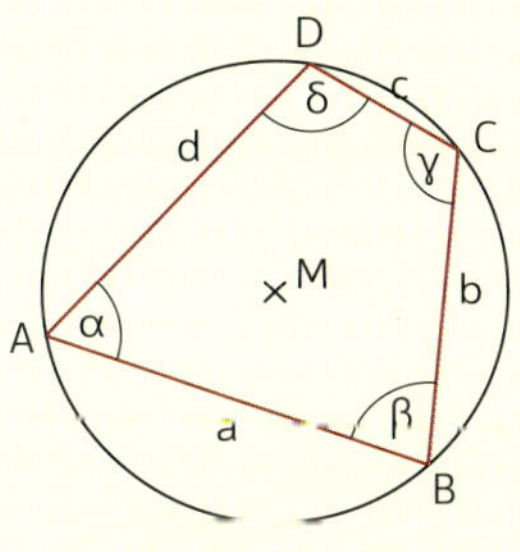

▸ Ein Viereck, dessen Seiten auf Tangenten desselben Kreises liegen, heißt **Tangentenviereck**.

▸ (3): In jedem Tangentenviereck sind die
   Summen der Längen gegenüberliegender
   Seiten gleich groß:
   $$a + c = b + d.$$

▸ (4): Aus $a + c = b + d$ folgt: ABCD ist
   ein Tangentenviereck.

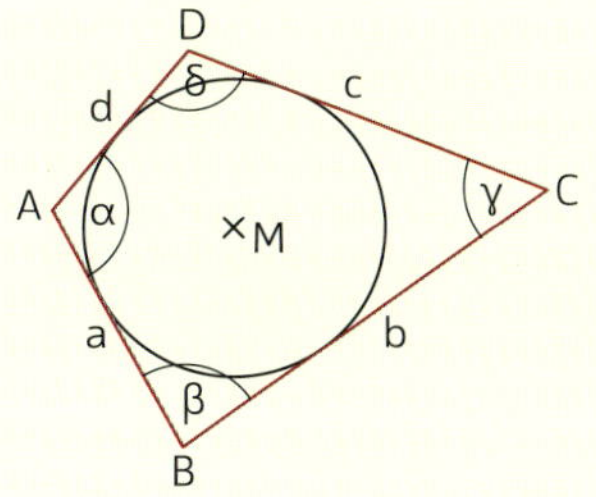

2. In einem Sehnenviereck ist $\alpha = 73°$ und $\beta = 120°$.
   Wie groß sind γ und δ?
   $73° + \gamma = 180° \Rightarrow \gamma = 107°$
   $120° + \delta = 180° \Rightarrow \delta = 60°$

3. Ein Viereck ABCD hat die Seitenlängen a = 11,2 cm; b = 19,3 cm; c = 17,4 cm;
   d = 9,6 cm.
   Ist ABCD ein Tangentenviereck?
   $a + c = 11,2\,cm + 17,4\,cm = 28,6\,cm$
   $b + d = 19,3\,cm + 9,6\,cm = 28,9\,cm$
   ABCD ist kein Tangentenviereck.

4. Trage die Figuren Quadrat, Raute, Rechteck, Drachen, gleichschenkliges Trapez
   und Parallelogramm – falls zutreffend – in die Tabelle ein.

Sehnenviereck	Quadrat	Rechteck	gleichschenkliges Trapez
Tangentenviereck	Quadrat	Raute	Drachen

11 Das Haus der Vierecke

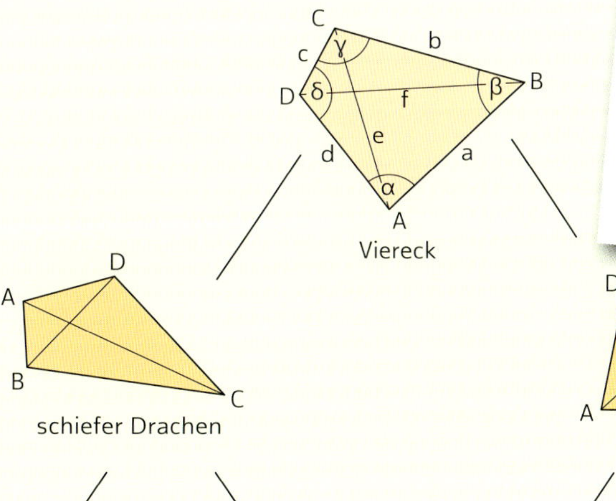

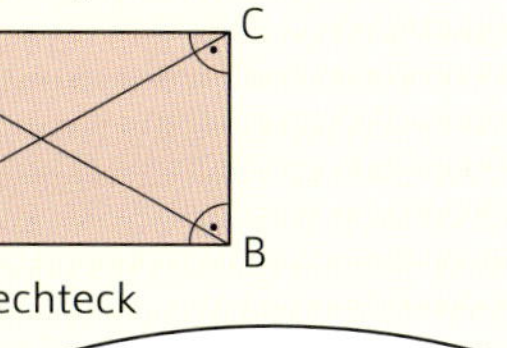

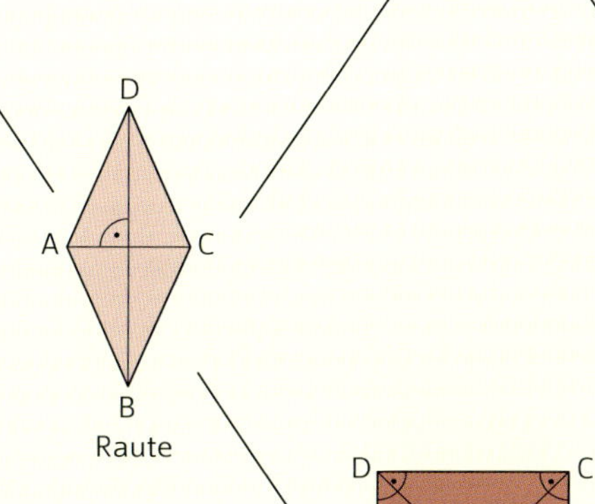

Das Haus der Vierecke hat 5 „Stockwerke". Um ein Viereck zeichnen zu können, braucht man so viele unabhängige Maßangaben, wie die Ziffer des Stockwerks besagt, in dem das Viereck „wohnt".
Beispiel: Man braucht 1 Stück für das Quadrat im 1. und 5 Stücke für das Viereck im 5. Stockwerk.

Viereck
4 Seiten, 4 Winkel, Winkelsumme 360°

schiefer Drachen
Eine Diagonale halbiert die andere (e halbiert f).

Trapez
Zwei Seiten sind parallel (a ∥ c).

Drachen
$e \perp f$
e halbiert f
$\beta = \delta$
$a = d$
$b = c$
e ist Symmetrieachse

Parallelogramm
e und f halbieren einander. Ihr Schnittpunkt ist der Symmetriepunkt.
$a = c,\ b = d,\ a \parallel c,\ b \parallel d$
$\alpha = \gamma$ und $\beta = \delta$
$\alpha + \beta = \beta + \gamma = 180°$
$\gamma + \delta = \delta + \alpha = 180°$

gleichschenkliges Trapez
Die Gerade durch die Mittelpunkte von a und c ist Symmetrieachse.
$\alpha = \beta$ und $\gamma = \delta$
$\alpha + \gamma = \beta + \delta = 180°$
$b = d$
$e = f$

Raute
$a = b = c = d$, f halbiert e
2 Achsensymmetrien, Punktsymmetrie

Rechteck
$\alpha = \beta = \gamma = \delta = 90°$
2 Achsensymmetrien, Punktsymmetrie

Quadrat
4 Achsensymmetrien, Punktsymmetrie

Raute

▶ Konstruktion einer Raute, wenn die Seitenlänge und eine Diagonale gegeben sind.
Beispiel: Konstruiere eine Raute mit $a = 3\,cm$ und $e = 3{,}8\,cm$.

(1) Planskizze

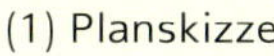

(2) $e = 3{,}8\,cm$ mit den Endpunkten A und C zeichnen.

(3) Um A und C Kreisbögen mit $r = 3\,cm$ zeichnen, die sich in B und D schneiden.

(4) B und D jeweils mit A und C verbinden, Seiten und Winkel benennen.

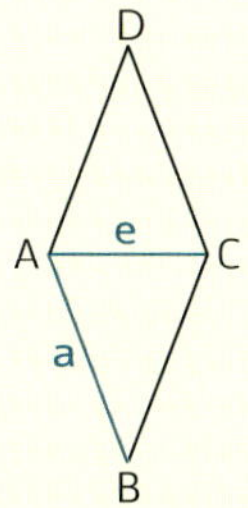

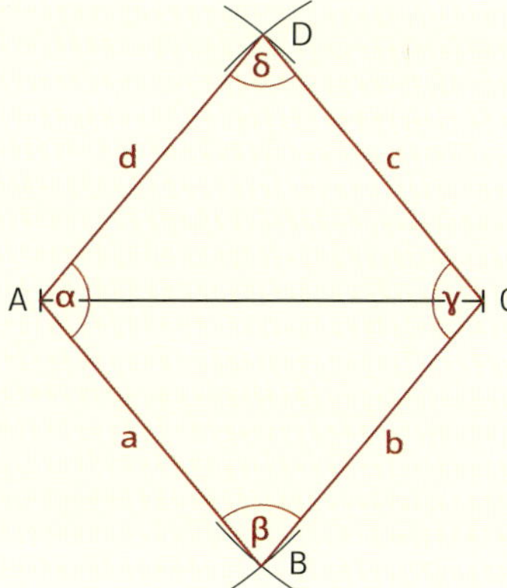

Drachen

▶ Konstruktion eines Drachens, wenn eine Seite, eine Diagonale und ein Winkel gegeben sind.
Beispiel: Konstruiere einen Drachen aus $a = 1{,}8\,cm$; $\beta = 105°$ und $e = 3{,}1\,cm$.

(1) Planskizze

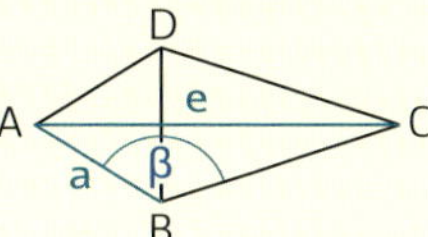

(2) $a = 1{,}8\,cm$ mit den Endpunkten A und B zeichnen, in B Winkel $\beta = 105°$ antragen.

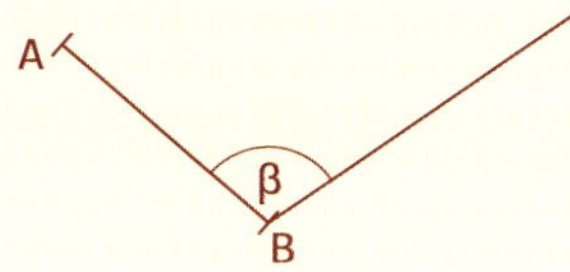

(3) Kreisbogen um A mit $r = 3{,}1\,cm$ zeichnen, der den einen Schenkel in C trifft.

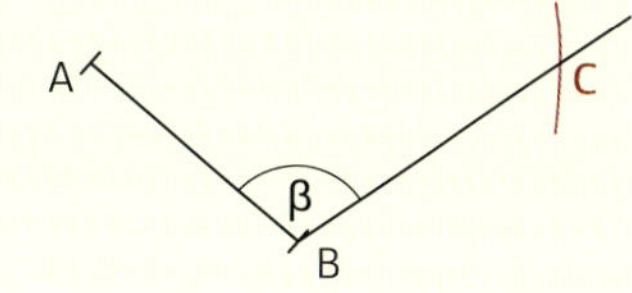

(4) Diagonale e zeichnen und Figur an e spiegeln, dann Seiten und Winkel benennen.

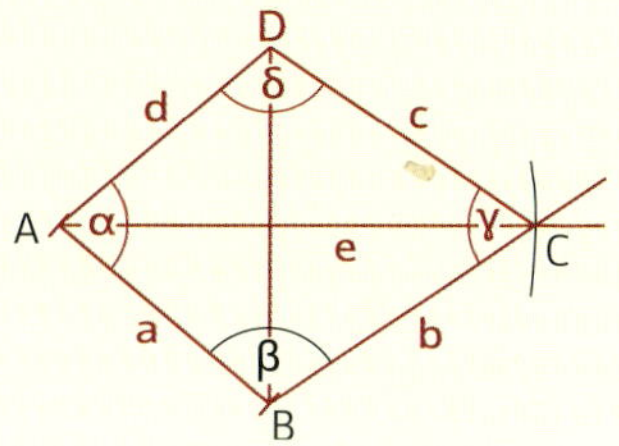

Trapez

▶ Konstruktion eines Trapezes, wenn vier Seiten gegeben sind.
Beispiel: Konstruiere ein Trapez aus $a = 3{,}6\,cm$; $b = 2{,}1\,cm$; $c = 1{,}7\,cm$ und $d = 2{,}4\,cm$.

(1) Planskizze

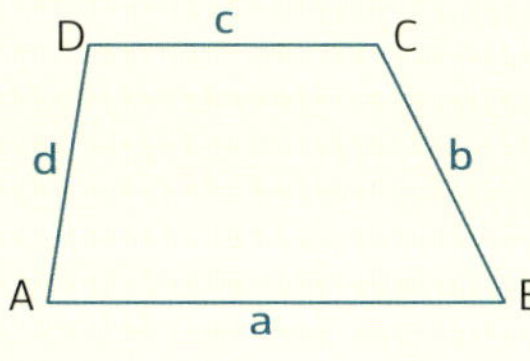

(2) Überlegung: Parallele durch C zu d trifft a in Punkt E. Das Dreieck EBC hat folgende Maße:

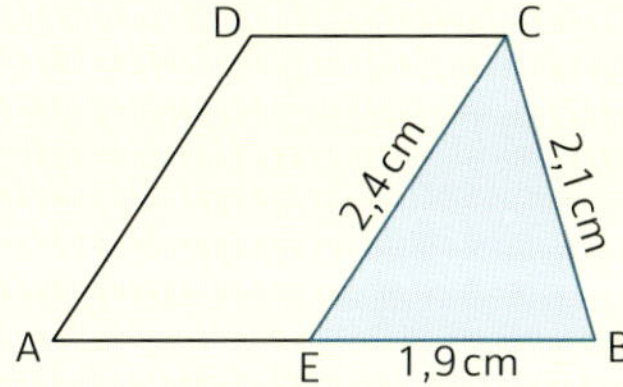

(3) Konstruktion des Dreiecks EBC nach SSS (→ Seite 5).

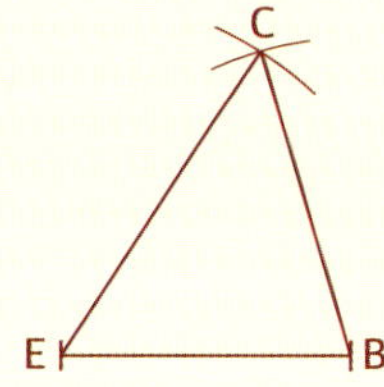

(4) Parallele durch C zu $\overline{EB}$ zeichnen und $1{,}7\,cm$ abtragen, $\overline{EB}$ bis Punkt A verlängern, A mit D verbinden, Seiten und Winkel benennen.

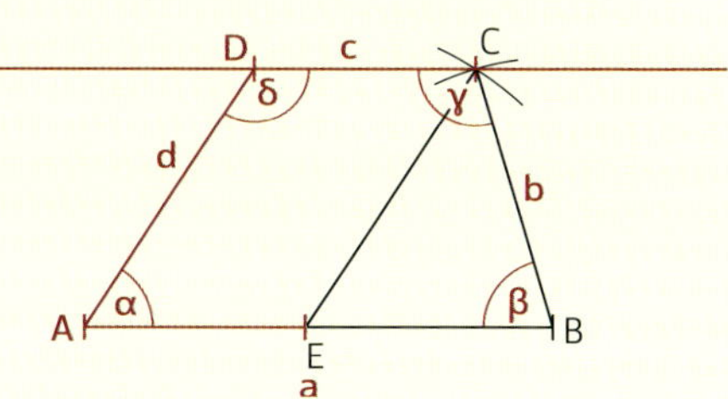

13 Maßeinheiten für den Flächeninhalt

Quadratmillimeter, Quadratzentimeter, Quadratdezimeter, Quadratmeter, Ar, Hektar, Quadratkilometer

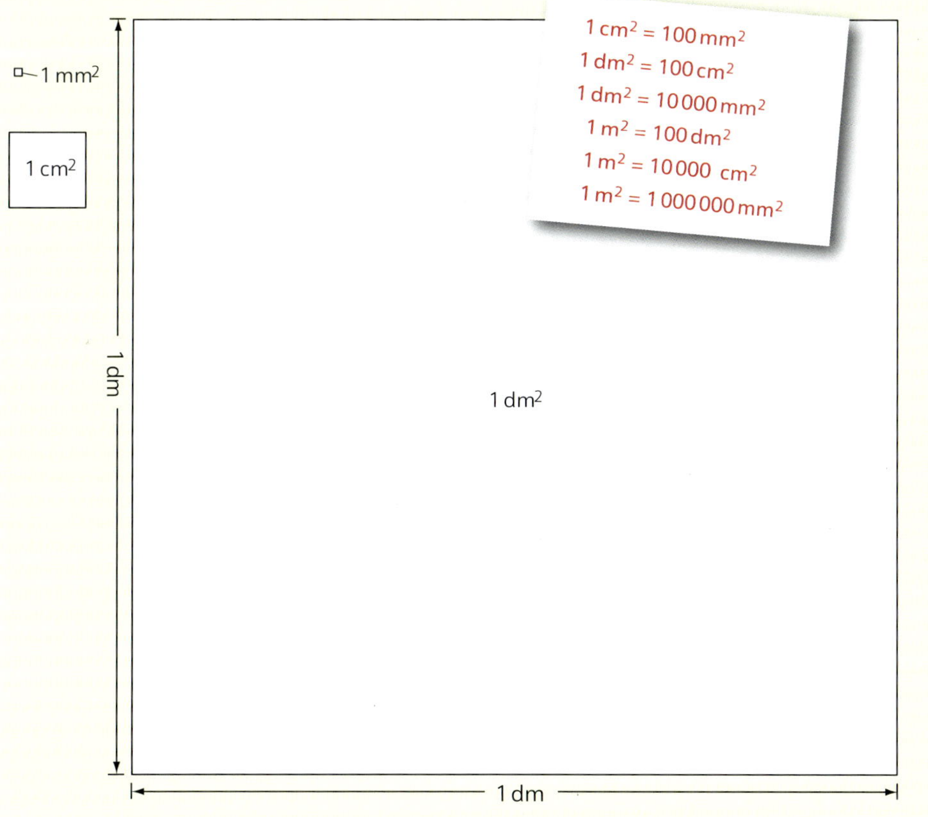

Hektar bedeutet Hekto-Ar
(wie Hektoliter = 100 Liter)
$1\,a = 100\,m^2$
$1\,ha = 100\,a = 10\,000\,m^2$
$1\,km^2 = 100\,ha = 10\,000\,a = 1\,000\,000\,m^2$

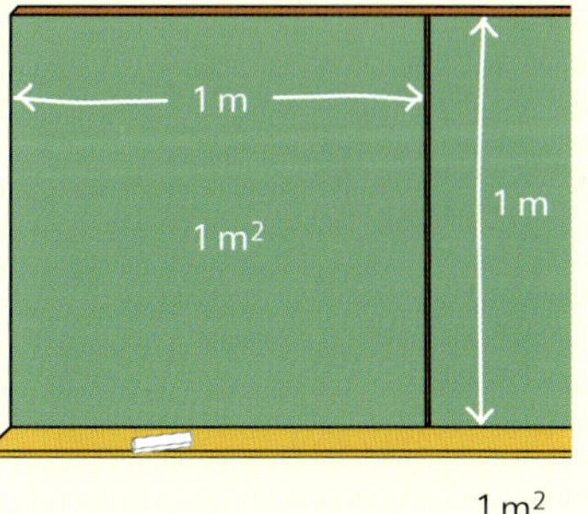

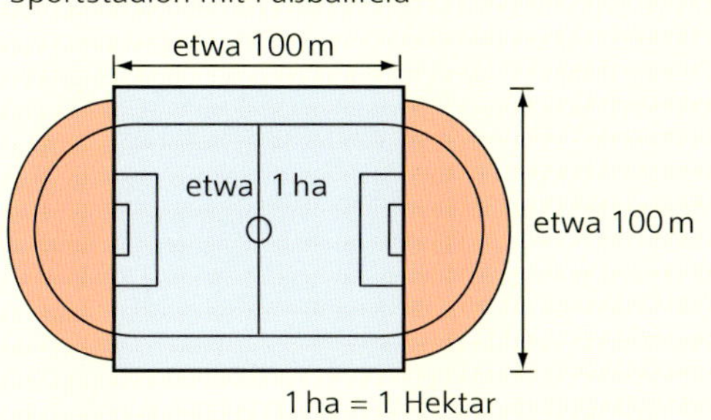

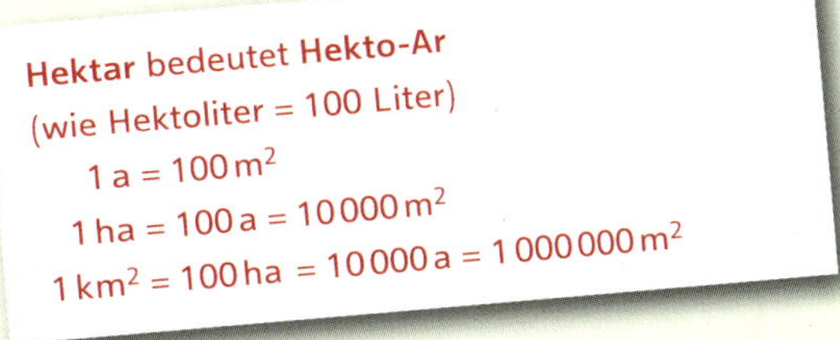

1. Rechne in die kleinere Einheit um.
   a) $7\,dm^2 = 700\,cm^2$
   b) $4{,}8\,cm^2 = 480\,mm^2$
   c) $0{,}9\,dm^2 = 9000\,mm^2$
   d) $22\,m^2 = 2200\,dm^2$
   e) $0{,}06\,m^2 = 600\,cm^2$
   f) $7\,ha = 700\,a$
   g) $0{,}34\,ha = 3400\,m^2$
   h) $320\,km^2 = 32\,000\,ha$
   i) $0{,}04\,km^2 = 40\,000\,m^2$
   j) $1{,}9\,a = 190\,m^2$

·100 bedeutet:
Komma zwei Stellen nach rechts oder zwei Nullen anhängen.

2. Rechne in die größere Einheit um.
   a) $3700\,mm^2 = 37\,cm^2$
   b) $490\,cm^2 = 4{,}9\,dm^2$
   c) $26\,000\,cm^2 = 2{,}6\,m^2$
   d) $400\,000\,mm^2 = 0{,}4\,m^2$
   e) $841\,mm^2 = 0{,}0841\,dm^2$
   f) $7500\,m^2 = 75\,a$
   g) $46\,000\,a = 4{,}6\,km^2$
   h) $910\,000\,m^2 = 91\,ha$
   i) $375\,000\,dm^2 = 37{,}5\,a$
   j) $1920\,a = 19{,}2\,ha$

:100 bedeutet:
Komma zwei Stellen nach links oder zwei Nullen streichen.

14 Flächeninhalt und Umfang von Dreiecken und Vierecken 1

Quadrat und Rechteck

Quadrat

- **$A = a^2$ $(= a \cdot a)$**
- $u = 4a$

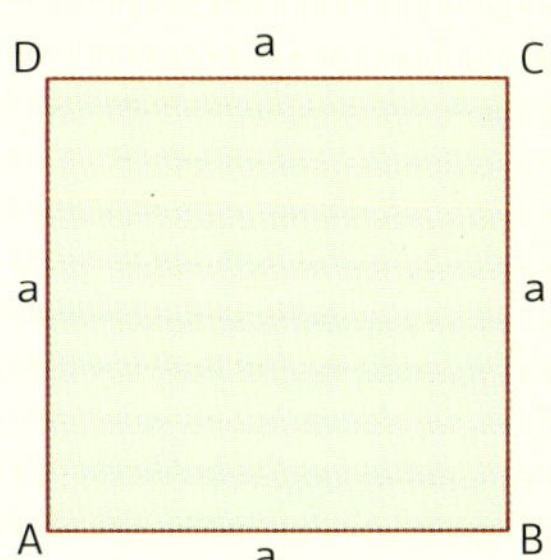

Rechteck

- **$A = a \cdot b$**
- $u = 2a + 2b$

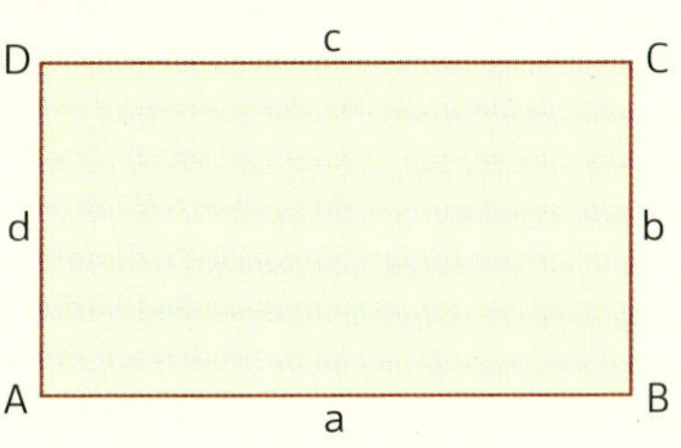

1. Ein Quadrat hat einen Umfang von 48 m. Wie groß ist der Flächeninhalt?

$u = 4a \mid :4$

$\frac{u}{4} = a \Rightarrow \frac{48\,m}{4} = a$

$12\,m = a$

$A = a^2 \Rightarrow A = (12\,m)^2$

$A = 144\,m^2$

2. Eine rechteckige Holzplatte ist 12 dm lang und 70 cm breit. Wie viel kostet sie, wenn 1 m² 5 € kostet?

$a = 12\,dm$ $b = 70\,cm$

$a = 1{,}2\,m$ $b = 0{,}7\,m$

$A = 1{,}2\,m \cdot 0{,}7\,m$

$A = 0{,}84\,m^2$

$0{,}84\,m^2 \cdot \frac{5\,€}{m^2} = 4{,}2\,€$

Die Platte kostet 4,20 €.

Rechtwinkliges Dreieck

- **$A = \frac{a \cdot b}{2}$**
- $u = a + b + c$

Der Umfang ist die Summe aller Seitenlängen.

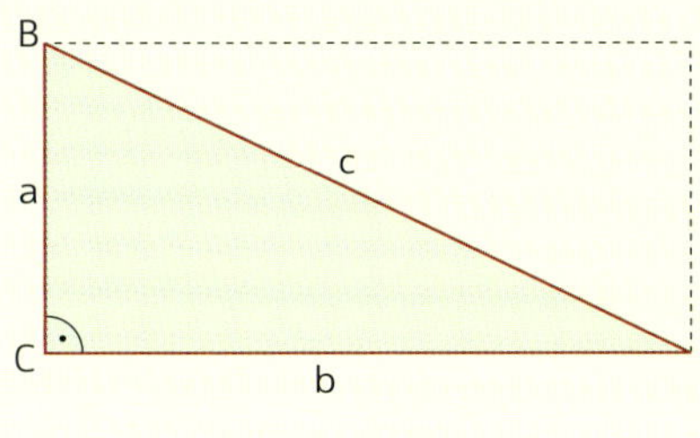

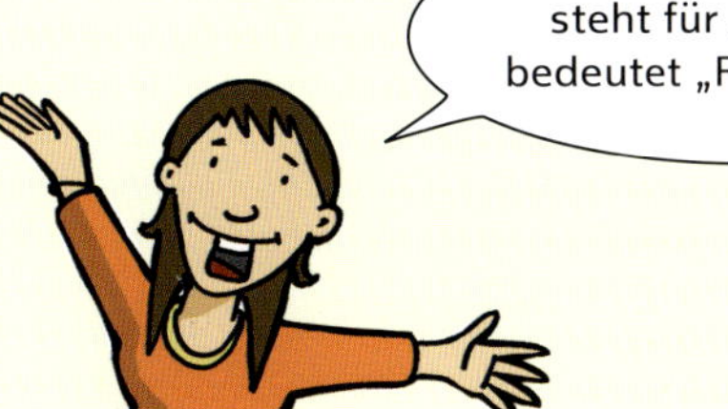

3. Ein Giebelfenster hat die abgebildeten Maße. Wie groß ist die Glasfläche?

$a = 0{,}9\,m$

$b = 0{,}9\,m$

$A = \frac{0{,}9\,m \cdot 0{,}9\,m}{2}$

$A = 0{,}405\,m^2$

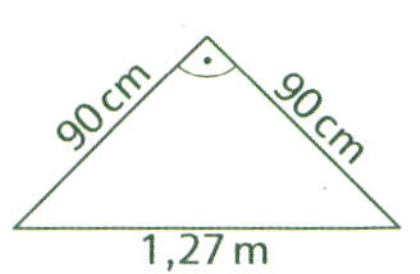

Die Glasfläche ist 0,405 m² groß.

4. Berechne Umfang und Flächeninhalt des abgebildeten Dreiecks.

$u = 5\,cm + 4\,cm + 3\,cm$

$u = 12\,cm$

$A = \frac{3\,cm \cdot 4\,cm}{2}$

$A = 6\,cm^2$

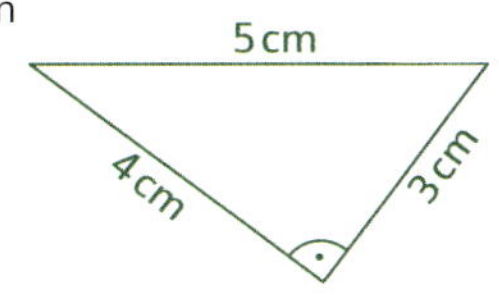

Dreieck

- $A = \frac{a \cdot h_a}{2}$ oder $A = \frac{b \cdot h_b}{2}$ oder $A = \frac{c \cdot h_c}{2}$ ⇒ allgemein: **$A = \frac{g \cdot h}{2}$**
  (Länge der Grundseite mal Höhe durch 2)
- Die Flächeninhaltsformel gilt auch, wenn die Höhe außerhalb des Dreiecks liegt.
- $u = a + b + c$

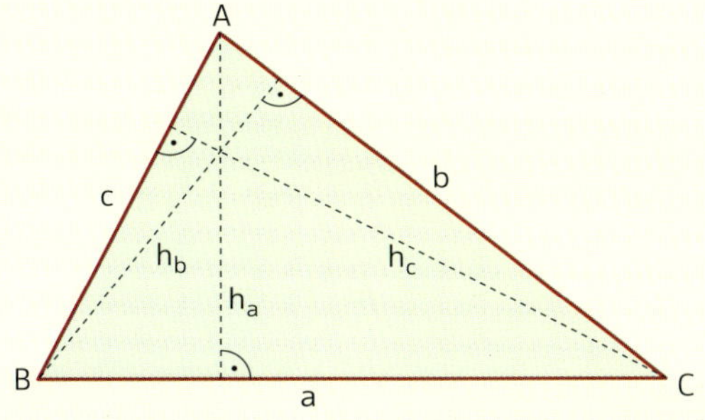

5. Berechne A und u des Dreiecks ABC.

$g = |AB| = 2{,}5\,cm$

$h = 2\,cm$

$A = \frac{2{,}5\,cm \cdot 2\,cm}{2} = 2{,}5\,cm^2$

$u = 2{,}5\,cm + 2{,}1\,cm + 2{,}8\,cm$

$u = 7{,}4\,cm$

6. Berechne A und u des Dreiecks DEF.

$A = \frac{4\,cm \cdot 3\,cm}{2} = 6\,cm^2$

$u = 4\,cm + 4{,}2\,cm + 3{,}2\,cm$

$u = 11{,}4\,cm$

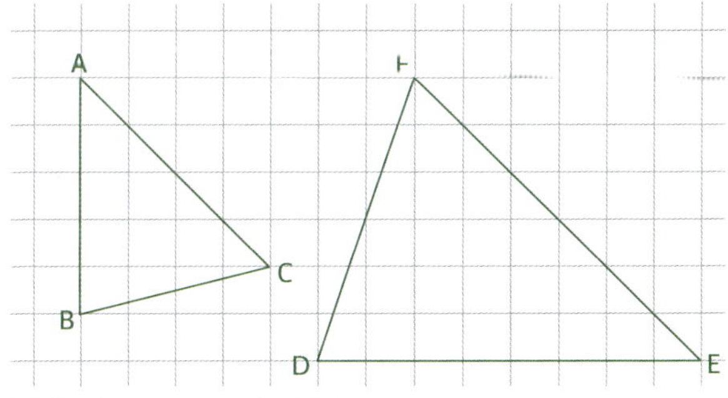

2 Kästchen entsprechen 1 cm

15 Flächeninhalt und Umfang von Dreiecken und Vierecken 2

Parallelogramm

▶ $A = a \cdot h_a$ oder $A = b \cdot h_b$ ⇒ allgemein: $A = g \cdot h$

▶ $u = 2a + 2b$

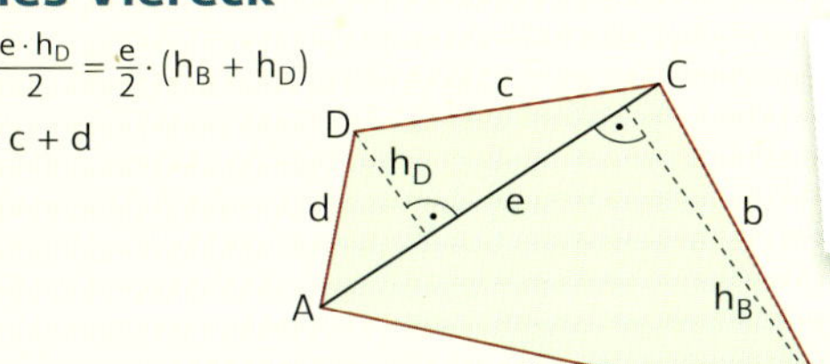

Jede Seite kann Grundseite des Parallelogramms sein.

Raute und Drachen

Raute

▶ $A = \dfrac{e \cdot f}{2}$

▶ $u = 4a$

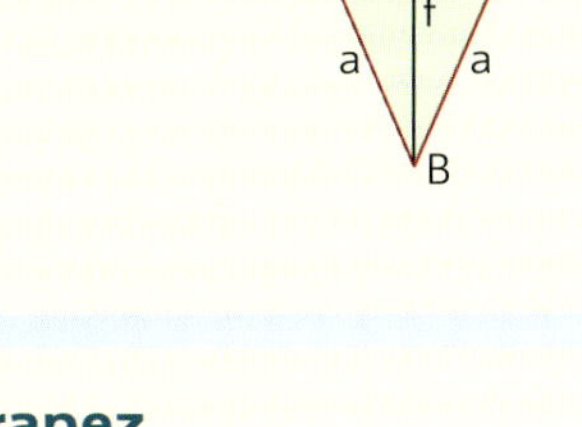

Drachen

▶ $A = \dfrac{e \cdot f}{2}$

▶ $u = 2a + 2b$

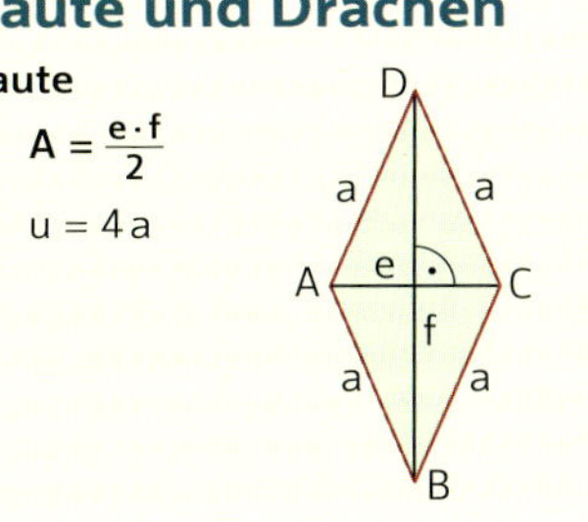

Trapez

▶ $A = \dfrac{a + c}{2} \cdot h$

▶ $A = \dfrac{(a + c) \cdot h}{2}$

▶ $u = a + b + c + d$

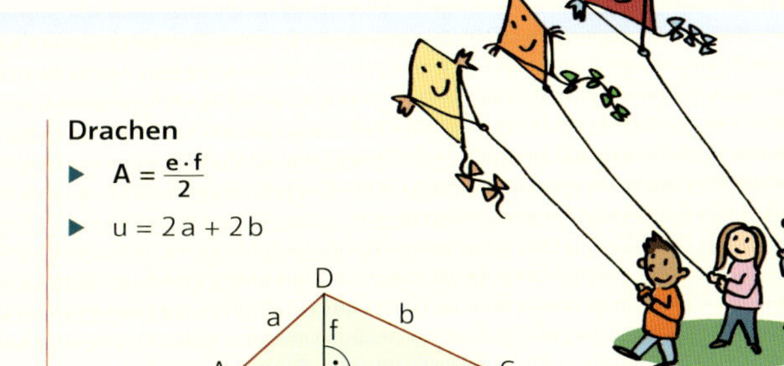

Allgemeines Viereck

▶ $A = \dfrac{e \cdot h_B}{2} + \dfrac{e \cdot h_D}{2} = \dfrac{e}{2} \cdot (h_B + h_D)$

▶ $u = a + b + c + d$

Jedes Vieleck kann in Dreiecke zerlegt werden, die dann einzeln berechnet werden.

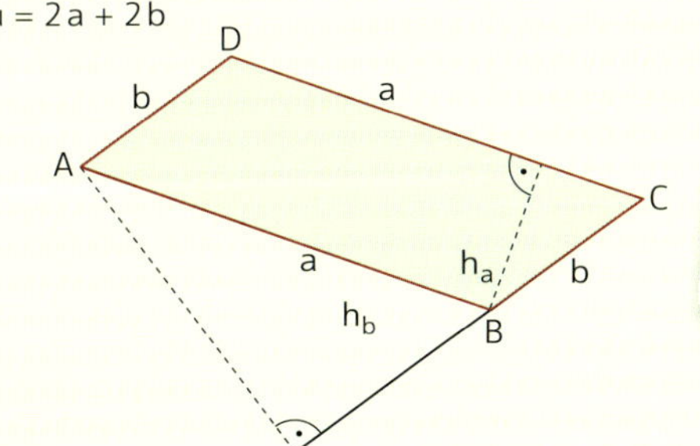

1. Berechne A und u des abgebildeten Parallelogramms.

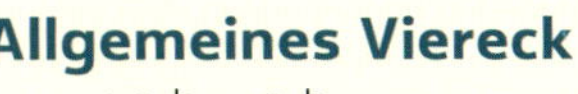

$A = 4\,\text{cm} \cdot 8\,\text{cm}$

$A = 32\,\text{cm}^2$

$u = 2 \cdot 11\,\text{cm} + 2 \cdot 4\,\text{cm}$

$u = 30\,\text{cm}$

2. Berechne den Flächeninhalt des abgebildeten Parallelogramms.

$g = 7\,\text{LE}$ (Längeneinheiten), $h = 10\,\text{LE}$

$A = 7\,\text{LE} \cdot 10\,\text{LE}$

$A = 70\,\text{FE}$ (Flächeneinheiten)

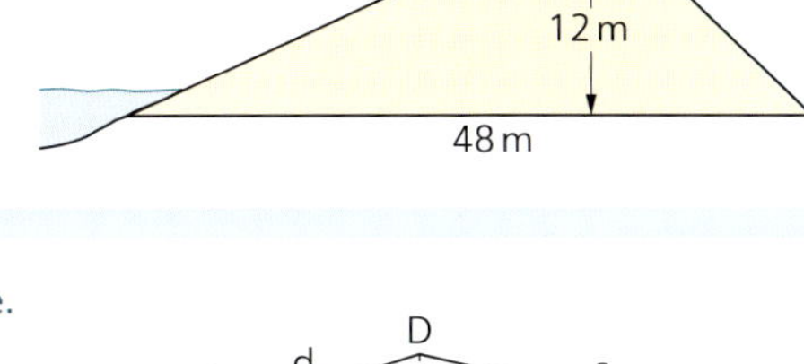

3. Zeichne eine Raute mit $e = 3\,\text{cm}$ und $f = 2\,\text{cm}$. Miss a und berechne A und u.

$a = 1,8\,\text{cm}$

$u = 4 \cdot 1,8\,\text{cm} = 7,2\,\text{cm}$

$A = \dfrac{3\,\text{cm} \cdot 2\,\text{cm}}{2} = 3\,\text{cm}^2$

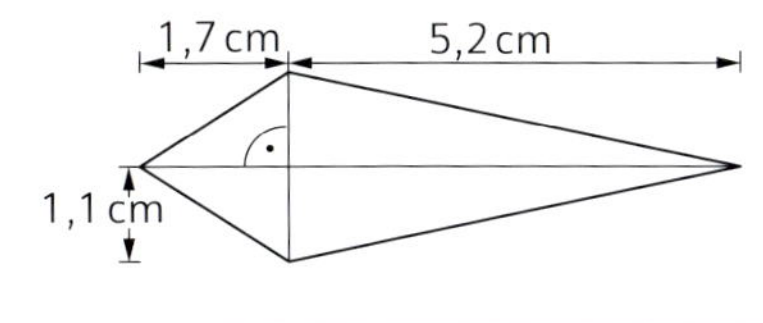

4. Berechne den Flächeninhalt des Drachens.

$e = 6,9\,\text{cm}$, $f = 2,2\,\text{cm}$

$A = \dfrac{6,9\,\text{cm} \cdot 2,2\,\text{cm}}{2} = 7,59\,\text{cm}^2$

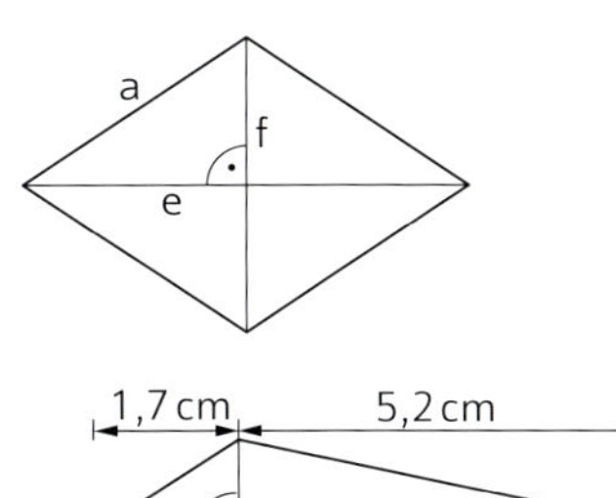

5. Abgebildet ist der Querschnitt eines Deiches. Wie viel Quadratmeter ist er groß?

$a = 48\,\text{m}$, $c = 10\,\text{m}$, $h = 12\,\text{m}$

$A = \dfrac{(48\,\text{m} + 10\,\text{m}) \cdot 12\,\text{m}}{2} = 348\,\text{m}^2$

Der Querschnitt beträgt $348\,\text{m}^2$.

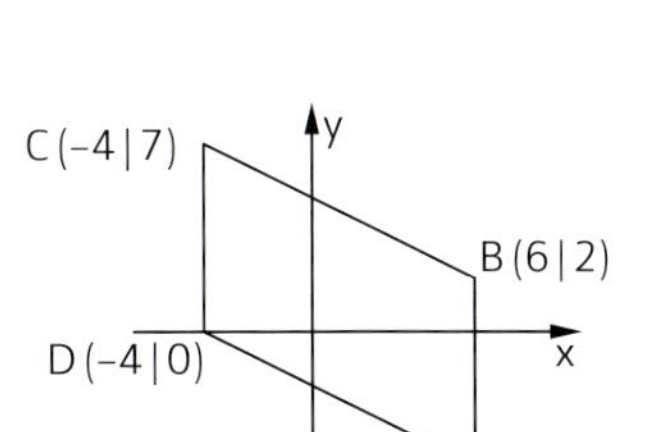

6. Das skizzierte Viereck hat die angegebenen Maße. Berechne A und u.

$a = 3,6\,\text{cm}$ $h_B = 2,18\,\text{cm}$

$b = 3,5\,\text{cm}$ $h_D = 0,75\,\text{cm}$

$c = 3,3\,\text{cm}$

$d = 2,5\,\text{cm}$ $A = \dfrac{5,6\,\text{cm}}{2} \cdot (2,18\,\text{cm} + 0,75\,\text{cm})$

$e = 5,6\,\text{cm}$ $A = 8,204\,\text{cm}^2$

$u = 3,6\,\text{cm} + 3,5\,\text{cm} + 3,3\,\text{cm} + 2,5\,\text{cm} = 12,9\,\text{cm}$

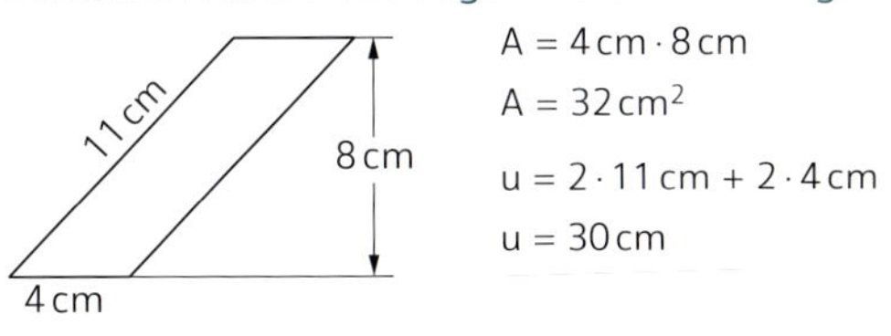

Regelmäßiges Sechseck

- $A = \frac{3 \cdot \sqrt{3}}{2} \cdot r^2$
- $u = 6\,r$

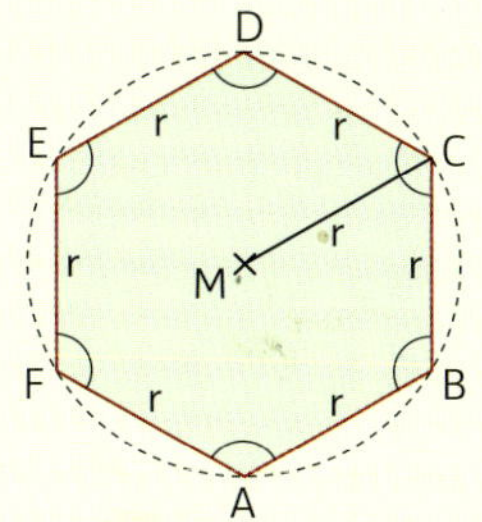

Regelmäßige Vielecke haben gleich lange Seiten, gleich große Winkel, einen Mittelpunkt und einen Umkreis.

1. Beweise: Die Kantenlänge eines regelmäßigen Sechsecks ist gleich dem Radius des Umkreises.
   - Der Winkel bei M ist 60° groß (360° : 6).
   - $\triangle$ ABM ist gleichschenklig wegen $|AM| = |BM| = r$.
   - Die Basiswinkel bei A und B sind gleich groß, müssen also wegen der Winkelsumme im Dreieck je 60° groß sein.
   - Das Dreieck ist gleichseitig, also $|AB| = r$.

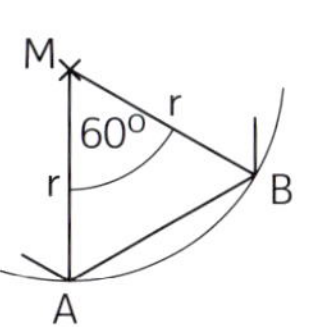

2. Ein regelmäßiges Sechseck hat die Kantenlänge 8 cm. Berechne u und A.

$$u = 6 \cdot 8\,\text{cm} = 48\,\text{cm}$$
$$A = \frac{3\sqrt{3}}{2} \cdot (8\,\text{cm})^2 \approx 166{,}28\,\text{cm}^2$$

Gleichseitiges Dreieck, Quadrat, regelmäßiges Fünfeck

- $s = r \cdot \sqrt{3}$

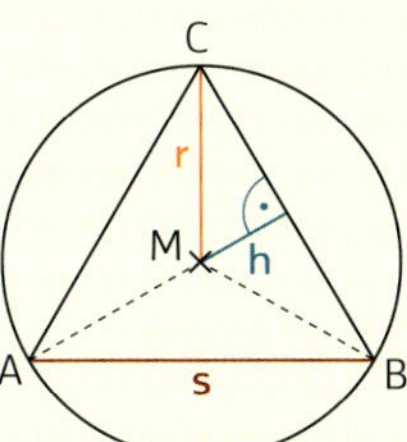

- $s = r \cdot \sqrt{2}$

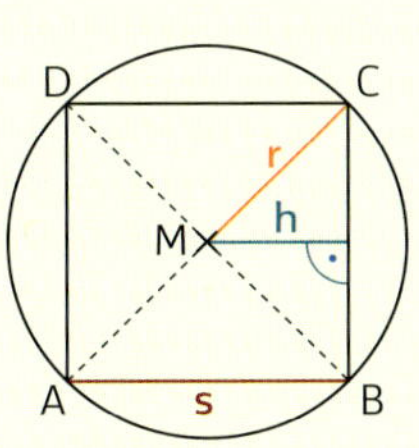

- $s = \frac{r}{2} \cdot \sqrt{10 - 2 \cdot \sqrt{5}}$

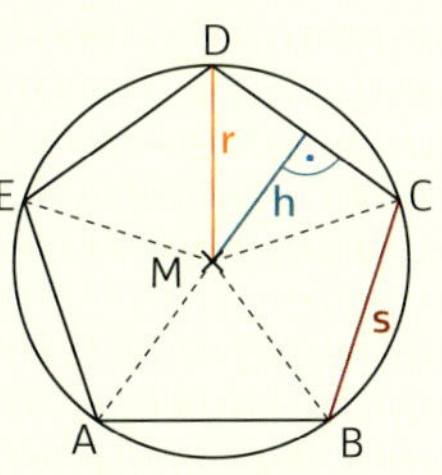

- Für alle regelmäßigen Vielecke gilt $h = \sqrt{r^2 - \left(\frac{s}{2}\right)^2}$.

3. Berechne den Umfang eines gleichseitigen Dreiecks mit $r = 7\,\text{cm}$.

$$u = 3\,s$$
$$u = 3 \cdot r \cdot \sqrt{3}$$
$$u = 3 \cdot 7\,\text{cm} \cdot \sqrt{3}$$
$$u \approx 36{,}4\,\text{cm}$$

4. Berechne den Flächeninhalt eines regelmäßigen Fünfecks mit $r = 4\,\text{m}$.

$$A = 5 \cdot \frac{s \cdot h}{2}$$
$$s = \frac{4\,\text{m}}{2} \cdot \sqrt{10 - 2 \cdot \sqrt{5}} \qquad h = \sqrt{(4\,\text{m})^2 - \left(\frac{s}{2}\right)^2}$$
$$s \approx 4{,}70\,\text{m} \qquad h \approx 3{,}24\,\text{m}$$
$$A \approx 38{,}07\,\text{m}^2$$

Regelmäßiges n-Eck

- Bei bekanntem r und bekanntem s_n berechnet sich s_{2n} so:

$$s_{2n} = \sqrt{2\,r^2 - r \cdot \sqrt{4\,r^2 - s_n^2}}$$

- Für das n-Eck gilt:

$$u = n \cdot s_n \qquad A = n \cdot \frac{s_n \cdot \sqrt{r^2 - \left(\frac{s_n}{2}\right)^2}}{2}$$

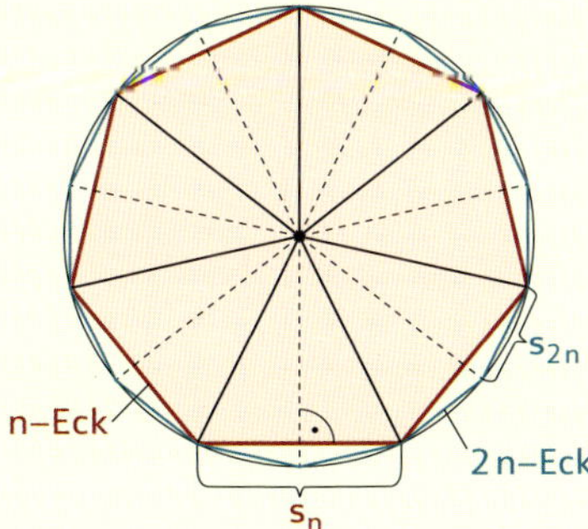

5. Berechne Umfang und Flächeninhalt eines regelmäßigen 10-Ecks mit dem Radius $r = 12\,\text{cm}$.

Bekannt ist die Formel für s_5: $s_5 = \frac{r}{2} \cdot \sqrt{10 - 2 \cdot \sqrt{5}}$

$$s_5 = \frac{12\,\text{cm}}{2} \cdot \sqrt{10 - 2 \cdot \sqrt{5}} \approx 14{,}107\,\text{cm}$$
$$s_{10} = \sqrt{2 \cdot (12\,\text{cm})^2 - 12\,\text{cm} \cdot \sqrt{4 \cdot (12\,\text{cm})^2 - (14{,}107)^2}}$$
$$s_{10} \approx 7{,}416\,\text{cm}$$
$$u \approx 10 \cdot 7{,}416\,\text{cm}$$
$$u \approx 74{,}16\,\text{cm}$$
$$A \approx 10 \cdot \frac{7{,}416\,\text{cm} \cdot \sqrt{(12\,\text{cm})^2 - \left(\frac{7{,}416\,\text{cm}}{2}\right)^2}}{2} \approx 423{,}2\,\text{cm}^2$$

17 Kreis und Kreisteile, Ellipse

Umfang und Flächeninhalt des Kreises

▶ $u = \pi \cdot d$
$u = 2\pi \cdot r$

▶ $A = \pi \cdot r^2$
$A = \frac{\pi}{4} \cdot d^2$

▶ $r = \frac{u}{2\pi}$
$r = \sqrt{\frac{A}{\pi}}$

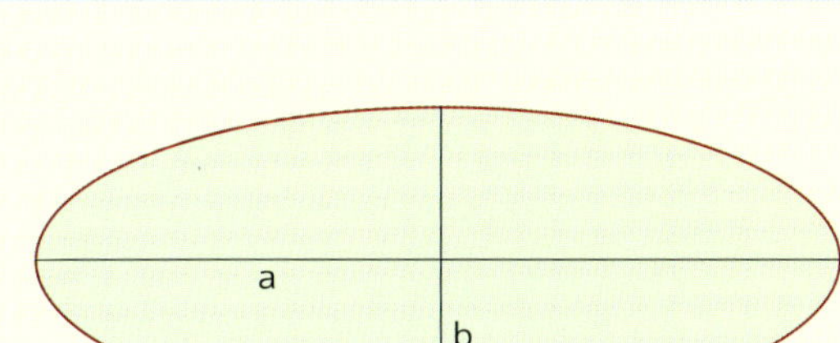

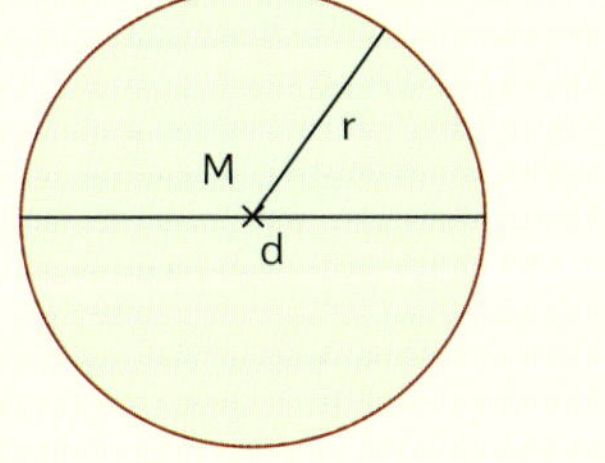

1. Berechne u und A des Kreises mit $d = 2{,}80\,\text{m}$.

$r = \frac{d}{2}$ $\qquad$ $u = \pi \cdot d$ $\qquad$ $A = \pi \cdot r^2$

$r = 1{,}40\,\text{m}$ $\qquad$ $u = \pi \cdot 2{,}80\,\text{m} \approx 8{,}80\,\text{m}$ $\qquad$ $A = \pi \cdot (1{,}4\,\text{m})^2 \approx 6{,}16\,\text{m}^2$

2. Ein kreisrundes Blumenbeet mit einer Fläche von $4{,}5\,\text{m}^2$ soll mit 75 cm langen Steinplatten eingefasst werden. Wie viele Steinplatten werden benötigt?

$A = \pi \cdot r^2 \Rightarrow r = \sqrt{\frac{A}{\pi}}$ $\qquad$ $u = 2\pi \cdot r$

$r = \sqrt{\frac{4{,}5\,\text{m}^2}{\pi}} \approx 1{,}2\,\text{m}$ $\qquad$ $u \approx 2\pi \cdot 1{,}2\,\text{m} \approx 7{,}54\,\text{m}$

$7{,}54\,\text{m} : 0{,}75\,\text{m} \approx 10$

Es werden 10 Platten benötigt.

Kreisteile

Kreisring

▶ $A = \pi \cdot R^2 - \pi \cdot r^2$
$A = \pi \cdot (R^2 - r^2)$
$A = \pi \cdot (R + r) \cdot (R - r)$

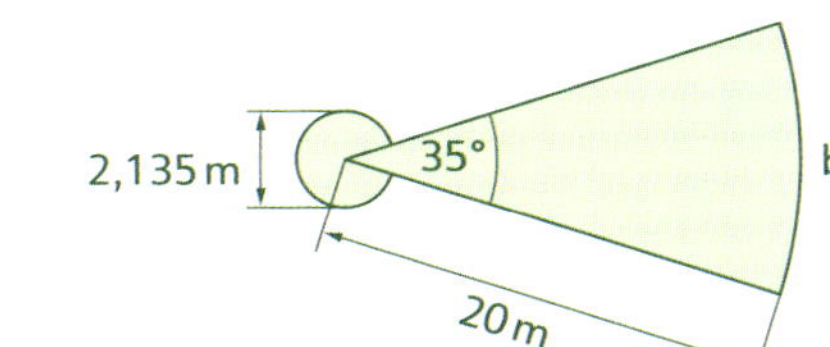

Kreissektor

▶ $A_\alpha = \frac{\pi \cdot r^2 \cdot \alpha}{360°}$

▶ $b_\alpha = \frac{\pi \cdot r \cdot \alpha}{180°}$ $\quad \Big\} \; A_\alpha = \frac{b_\alpha \cdot r}{2}$

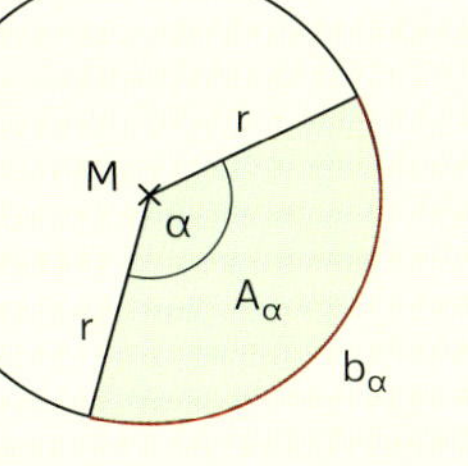

Kreisabschnitt

▶ $A = \frac{b_\alpha \cdot r - s \cdot (r - h)}{2}$

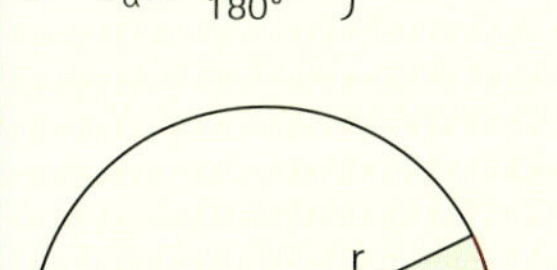

▶ b_α (kurz: b) nennt man **Kreisbogen**.

3. Berechne den Inhalt der abgebildeten Fläche.

$R = \frac{11{,}6\,\text{m}}{2} = 5{,}80\,\text{m}$

$r = \frac{3{,}40\,\text{m}}{2} = 1{,}70\,\text{m}$

$A = \pi \cdot (5{,}80\,\text{m} + 1{,}70\,\text{m}) \cdot (5{,}80\,\text{m} - 1{,}70\,\text{m}) = 96{,}6039...\,\text{m}^2$

Die Fläche ist ungefähr $96{,}6\,\text{m}^2$ groß.

4. Abgebildet ist eine Kugelstoßanlage mit den offiziellen Wettkampfmaßen. Berechne die Länge b und den in der Zeichnung grün gekennzeichneten Flächeninhalt der Anlage.

$b = \frac{\pi \cdot 20\,\text{m} \cdot 35°}{180°}$

$b \approx 12{,}22\,\text{m}$

$A = A_{\text{Stoßkreis}} + A_{\text{Stoßsektor}}$

$A = \frac{\pi \cdot (1{,}0675\,\text{m})^2 \cdot 325°}{360°} + \frac{\pi \cdot (20\,\text{m})^2 \cdot 35°}{360°}$

$A \approx 125{,}41\,\text{m}^2$

Der Flächeninhalt der gesamten Anlage ist ca. $125{,}41\,\text{m}^2$.

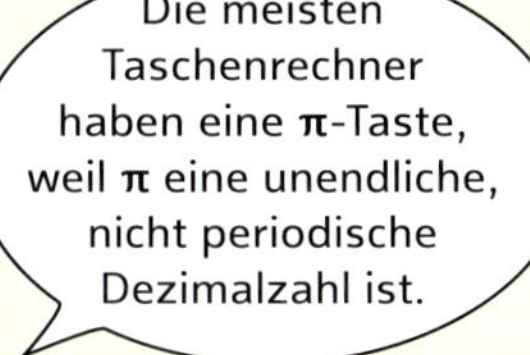

Ellipse

▶ $A = \pi \cdot a \cdot b$

▶ $u \approx \pi \cdot (a + b)$
$u \approx \pi \cdot \sqrt{2 \cdot (a^2 + b^2)}$

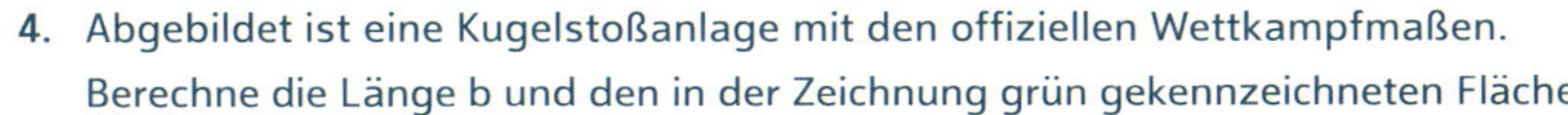
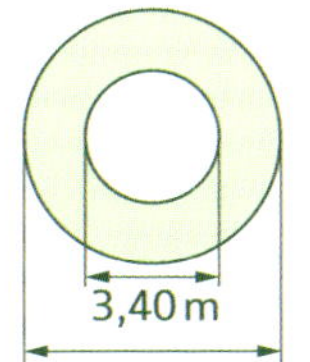

5. Eine Rasenfläche von der Form einer Ellipse ist $820\,\text{m}^2$ groß und 26 m lang. Wie viel Meter misst sie an der breitesten Stelle?

$A = 820\,\text{m}^2$ $\qquad$ $A = \pi \cdot a \cdot b \;|:(\pi a)$

$a = 26\,\text{m}$ $\qquad$ $b = \frac{A}{\pi \cdot a}$

b ist gesucht $\qquad$ $b = \frac{820\,\text{m}^2}{\pi \cdot 26\,\text{m}} = 10{,}0390...\,\text{m}$

Die Rasenfläche ist maximal rund 10 Meter breit.

18 Satzgruppe am rechtwinkligen Dreieck

Der Satz des Pythagoras

▶ Sind a und b die Katheten eines rechtwinkligen Dreiecks und ist c die Hypotenuse dieses Dreiecks, so gilt
$a^2 + b^2 = c^2$.

▶ **Umkehrung des Satzes:**

– Gilt für die Seiten a, b und c eines Dreiecks $a^2 + b^2 = c^2$, so hat das Dreieck zwischen a und b einen rechten Winkel.

– Bei $a^2 + b^2 < c^2$ ist der Winkel zwischen a und b stumpf, bei $a^2 + b^2 > c^2$ spitz.

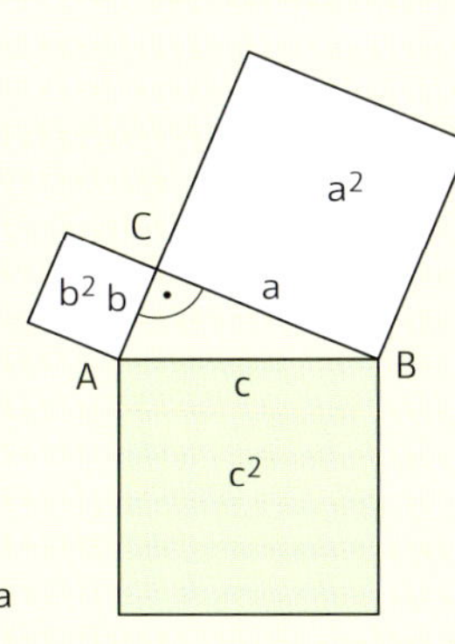

Summe der Kathetenquadrate gleich Hypotenusenquadrat.

1. Beweise den Satz des Pythagoras.

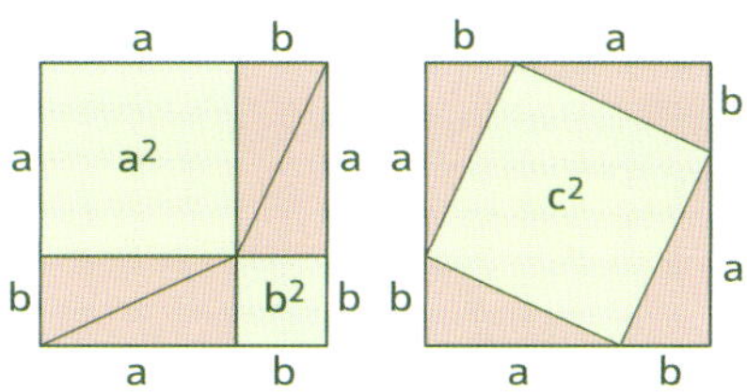

$a^2 + b^2$ und c^2 werden jeweils durch vier kongruente Dreiecke zu gleich großen Quadraten ergänzt. Da alle acht Dreiecke kongruent sind, gilt:

$a^2 + b^2 = c^2$.

2. Berechne die fehlende Seite.

a)

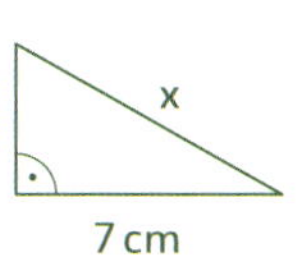

b)

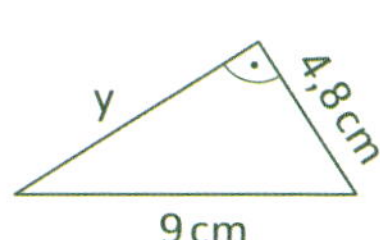

$x^2 = (4\,\text{cm})^2 + (7\,\text{cm})^2$
$x^2 = 16\,\text{cm}^2 + 49\,\text{cm}^2$
$x^2 = 65\,\text{cm}^2$
$x \approx 8{,}1\,\text{cm}$

$y^2 + (4{,}8\,\text{cm})^2 = (9\,\text{cm})^2$
$y^2 = (9\,\text{cm})^2 - (4{,}8\,\text{cm})^2$
$y^2 = 81\,\text{cm}^2 - 23{,}04\,\text{cm}^2$
$y \approx 7{,}6\,\text{cm}$

Kathetensatz des Euklid

▶ Im rechtwinkligen Dreieck ist das Quadrat über einer Kathete inhaltsgleich mit dem Rechteck aus der gesamten Hypotenuse und dem der Kathete anliegenden Hypotenusenabschnitt.

$a^2 = c \cdot p$
$b^2 = c \cdot q$

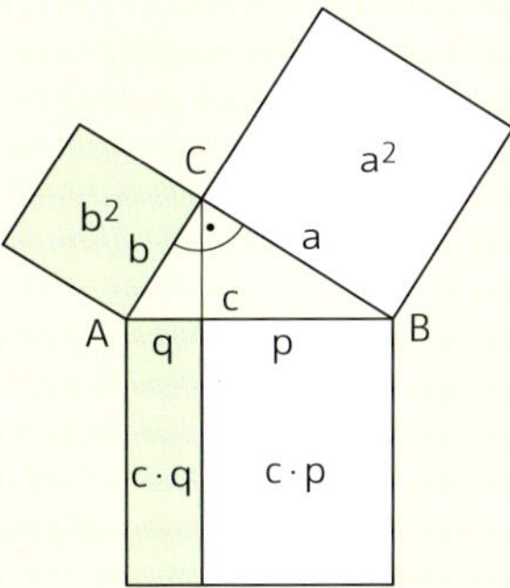

3. Gegeben ist das abgebildete grüne Rechteck. Konstruiere ein inhaltsgleiches Quadrat. Die längere Seite ist die Hypotenuse eines rechtwinkligen Dreiecks, die kürzere ein Hypotenusenabschnitt.

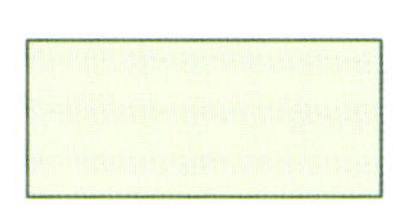

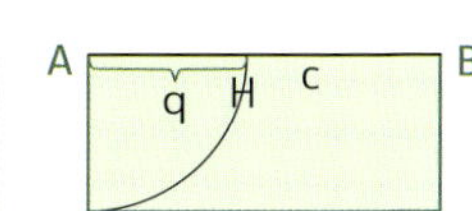

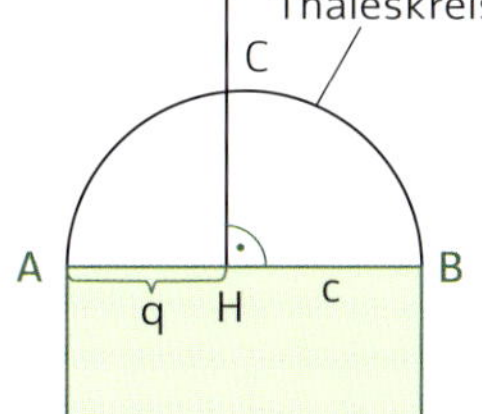

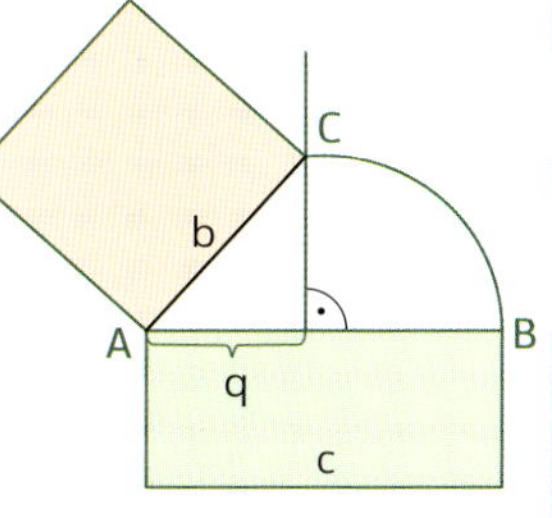

Höhensatz des Euklid

▶ Im rechtwinkligen Dreieck ist das Quadrat über der Höhe auf die Hypotenuse inhaltsgleich mit dem Rechteck aus den beiden Hypotenusenabschnitten, die von dieser Höhe erzeugt werden.

$h^2 = p \cdot q$

Beweis:
$h^2 = b^2 - q^2$ | Satz des Pythagoras
$h^2 = cq - q^2$ | Kathetensatz
$h^2 = q \cdot (c - q)$ | (q ausgeklammert)
$h^2 = q \cdot p$ | $c - q = p$; $h^2 = p \cdot q$

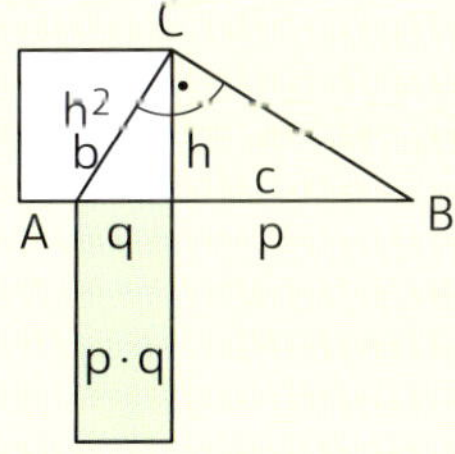

4. Gegeben sind das abgebildete grüne Quadrat und die abgebildete Strecke $\overline{PQ}$. Konstruiere ein Rechteck, das denselben Flächeninhalt wie das Quadrat hat und dessen eine Seite die abgebildete Strecke ist.

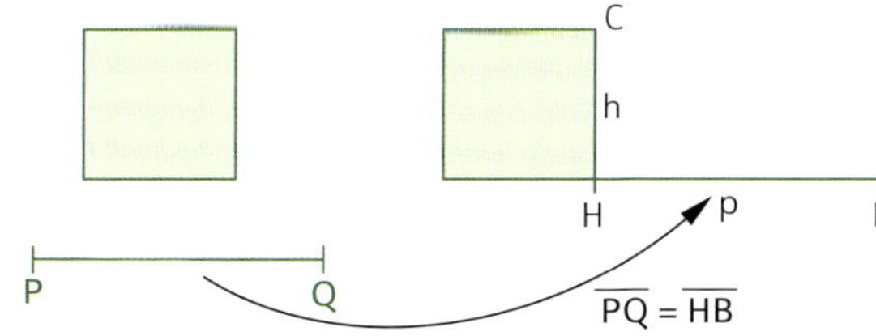

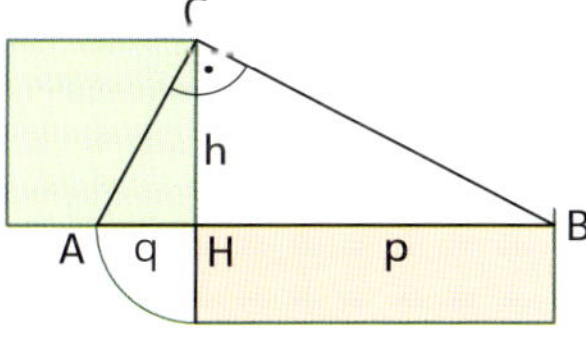

B mit C verbinden, in C rechten Winkel antragen, $\overline{AH} = q$ nach unten abtragen.

19 Streckenverhältnis, Projektionssatz, Strahlensätze

Streckenverhältnis

▸ Unter dem Verhältnis $a:b$ (lies a zu b) der beiden Strecken a und b versteht man den Quotienten ihrer Maßzahlen.

▸ Dieser Quotient wird in der Verhältnisschreibweise mit natürlichen Zahlen oder als Bruch angegeben.

Beispiel:
$a = 8\,cm$, $b = 5\,cm$ $\Rightarrow$ $a:b = 8:5$ oder $a:b = \frac{8}{5}$
$c = 4\,cm$, $d = 1,6\,cm$ $\Rightarrow$ $c:d = 40:16$, gekürzt $c:d = 5:2$.

1. Notiere das Streckenverhältnis $a:b$ als gekürzten Bruch.

a) $a = 12\,cm$; $b = 8\,cm$ $\quad a:b = \frac{12}{8} = \frac{3}{2}$

b) $a = 4,8\,cm$; $b = 5,4\,cm$ $\quad a:b = \frac{48}{54} = \frac{8}{9}$

c) $a = 5\frac{1}{2}\,km$; $b = 2,5\,km$ $\quad a:b = \frac{55}{25} = \frac{11}{5}$

2. Berechne die Länge der Strecke b.

a) $a:b = 3:2$; $a = 15\,cm$

$\frac{b}{15} = \frac{2}{3} \Rightarrow b = \frac{15 \cdot 2}{3} = 10 \Rightarrow b = 10\,cm$

b) $\frac{a}{b} = \frac{4}{7}$; $a = 6\,m$

$\frac{b}{6} = \frac{7}{4} \Rightarrow b = \frac{42}{4} = \frac{21}{2} \Rightarrow b = 10,5\,m$

Projektionssatz

▸ Werden zwei Geraden von einer Parallelenschar so geschnitten, dass die von den Parallelen erzeugten Strecken auf der einen Geraden untereinander kongruent sind, so sind auch die von den Parallelen erzeugten Strecken auf der anderen Geraden untereinander kongruent (im Zeichen $\cong$).

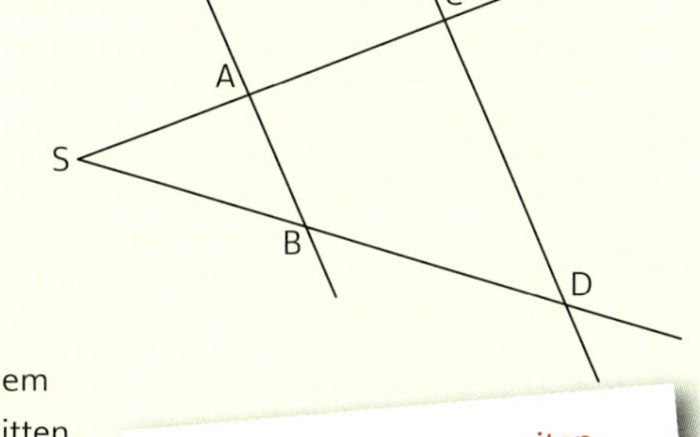

$$|A_1B_1| \cong |B_1C_1| \cong |C_1D_1| \cong |D_1E_1|$$
$$\Rightarrow |A_2B_2| \cong |B_2C_2| \cong |C_2D_2| \cong |D_2E_2|$$

3. Teile die Strecke $|AB|$ durch Konstruktion in fünf gleich lange Teilstrecken.

(1) beliebigen Strahl von A aus zeichnen

(2) fünf gleich lange Teilstrecken auf dem Strahl abtragen

(3) letzten Punkt mit B verbinden, durch die anderen Punkte Parallelen zu dieser Verbindung zeichnen

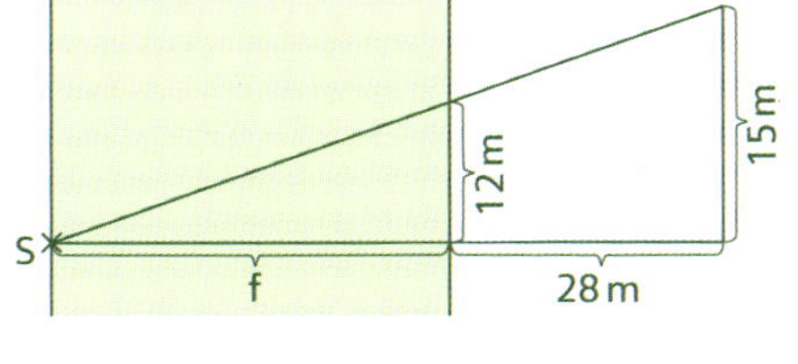
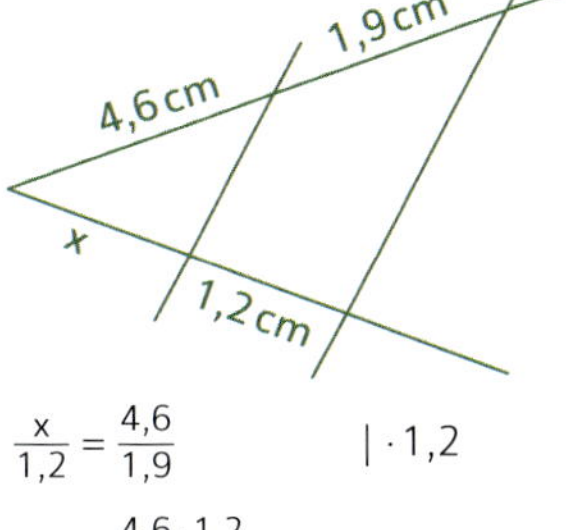
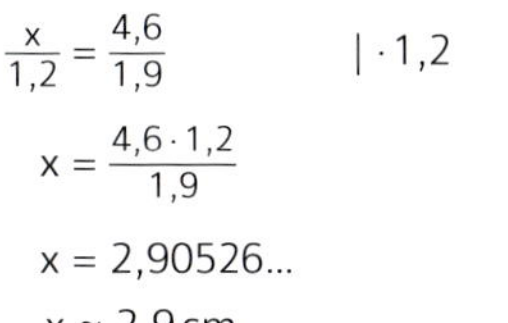

Strahlensätze

▸ **1. Strahlensatz:** Werden zwei von einem Punkt ausgehende Strahlen von Parallelen geschnitten, so verhalten sich zwei Abschnitte eines Strahls wie die entsprechenden Abschnitte des anderen Strahls.

$$\frac{|SA|}{|AC|} = \frac{|SB|}{|BD|}, \quad \frac{|SA|}{|SC|} = \frac{|SB|}{|SD|}$$

▸ **2. Strahlensatz:** Werden zwei von einem Punkt ausgehende Strahlen von Parallelen geschnitten, so verhalten sich die Parallelenabschnitte wie die zugehörigen **Scheitelstrecken** eines Strahls.

$$\frac{|AB|}{|CD|} = \frac{|SA|}{|SC|}, \quad \frac{|AB|}{|CD|} = \frac{|SB|}{|SD|}$$

▸ **Umkehrung des 1. Strahlensatzes:** Werden von einem Punkt ausgehende Strahlen von Geraden so geschnitten, dass sich zwei Abschnitte des einen Strahls wie die entsprechenden Abschnitte des anderen Strahls verhalten, so sind die beiden Geraden parallel.

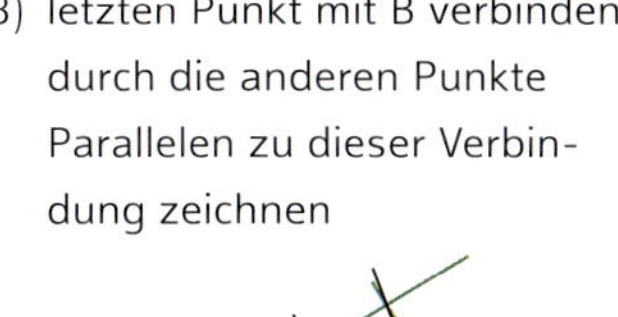
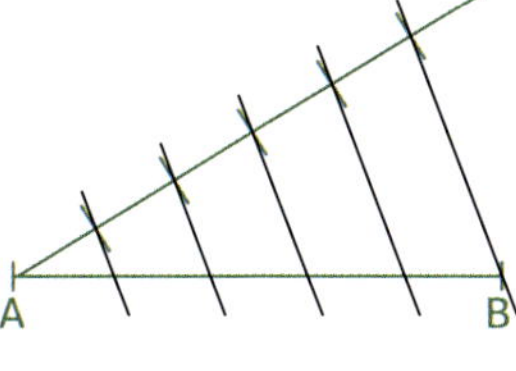

4. Berechne die Länge der Strecke x.

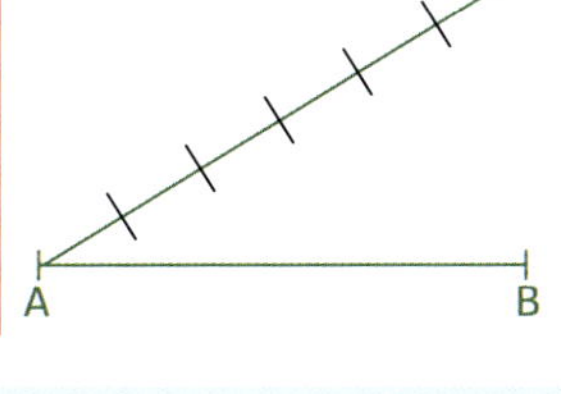
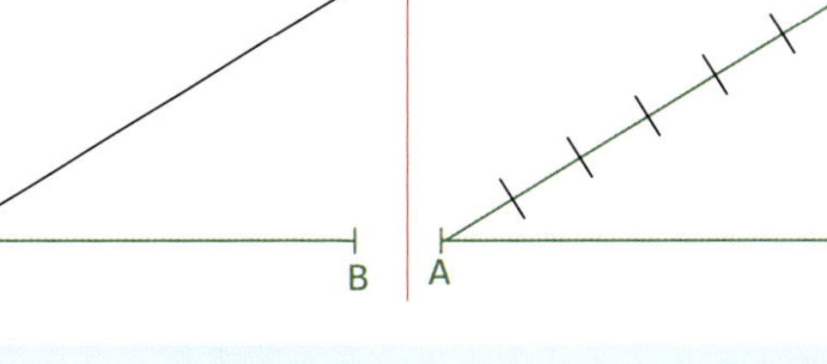

$$\frac{x}{1,2} = \frac{4,6}{1,9} \qquad | \cdot 1,2$$
$$x = \frac{4,6 \cdot 1,2}{1,9}$$
$$x = 2,90526...$$
$$x \approx 2,9\,cm$$

5. Berechne die Breite des Flusses.

$$\frac{f}{f+28} = \frac{12}{15} \qquad | \cdot 15 \cdot (f+28)$$
$$15f = 12 \cdot (f+28)$$
$$15f = 12f + 336 \qquad | -12f$$
$$3f = 336 \qquad | :3$$
$$f = 112$$

Der Fluss ist $112\,m$ breit.

Zentrische Streckung

Gegeben ist ein Streckzentrum Z und ein Streckfaktor $k \neq 0$. Für einen Punkt P und seinen Bildpunkt P' gilt:

für $k > 0$	für $k < 0$
(1) P' liegt auf $\overline{ZP}$	(1) Z liegt auf $\overline{PP'}$
(2) $|ZP'| = k \cdot |ZP|$	(2) $|ZP'| = |k| \cdot |ZP|$
$k = 1{,}5$	$k = -\frac{1}{3}$

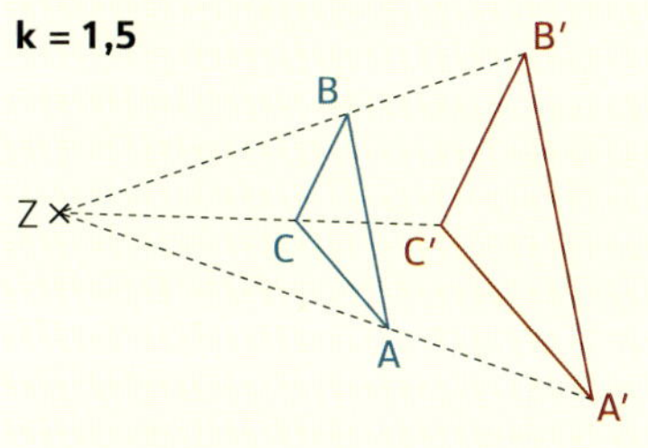

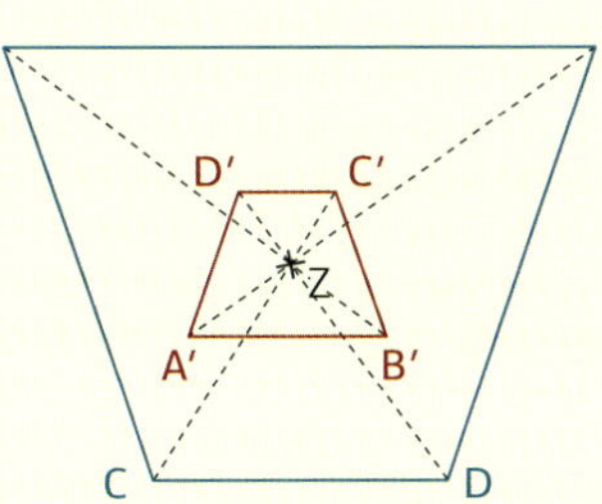

▸ Die zentrische Streckung ist geradentreu, winkeltreu und längenverhältnistreu.

▸ Z ist Fixpunkt der Abbildung: Z' = Z.

▸ Hat eine Figur den Flächeninhalt A, dann hat die Bildfigur den Flächeninhalt $k^2 \cdot A$.

▸ Hat ein Körper das Volumen V, dann hat der Bildkörper das Volumen $|k^3| \cdot V$.

Ähnliche Dreiecke

▸ Zwei Dreiecke heißen **ähnlich**, wenn sie in allen Winkeln und den Verhältnissen entsprechender Seiten übereinstimmen.

$$\alpha = \delta, \quad \beta = \varepsilon$$

$$\frac{\overline{AB}}{\overline{DE}} = \frac{\overline{BC}}{\overline{EF}} = \frac{\overline{AC}}{\overline{DF}}$$

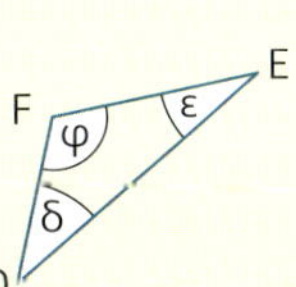

▸ Zwei Dreiecke sind ähnlich, wenn sie
  (1) in zwei Winkeln übereinstimmen.
  (2) im Verhältnis von zwei entsprechenden Seiten und dem eingeschlossenen Winkel übereinstimmen.
  (3) im Verhältnis aller entsprechenden Seiten übereinstimmen.
  (4) im Verhältnis von zwei entsprechenden Seiten und dem Gegenwinkel der jeweils längeren Seite übereinstimmen.

1. a) Konstruiere die Bildfigur.
   b) Gib ihren Flächeninhalt an.

   a) $k = 1{,}6$
   b) $A(A'B'C'Z') = 1{,}6^2 \cdot 2\,cm^2$
   $$A = 5{,}12\,cm^2$$

zu a)

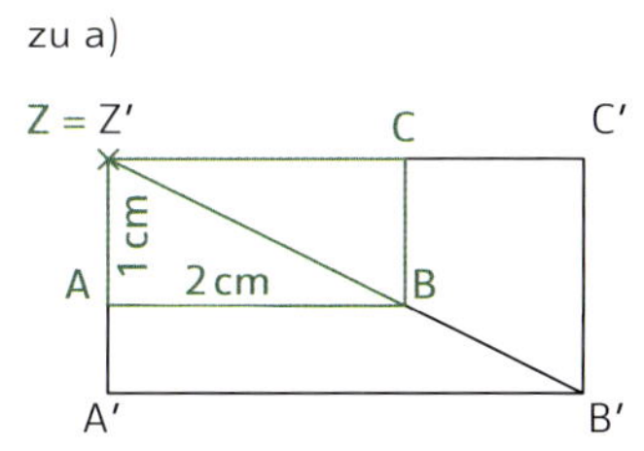

2. Gegeben ist das Streckzentrum Z und der Bildpunkt A' von A. Konstruiere das Bilddreieck A'B'C'.

$$k = -\frac{\overline{ZA'}}{\overline{ZA}}$$

$$k = -\frac{1{,}2}{2{,}8}$$

$$k = -\frac{3}{7} \Rightarrow |ZB'| = \frac{3}{7} \cdot 1{,}4\,cm \ \text{ und } \ |ZC'| = \frac{3}{7} \cdot 1{,}9\,cm$$

$$|ZB'| = 0{,}6\,cm \qquad |ZC'| \approx 0{,}8\,cm$$

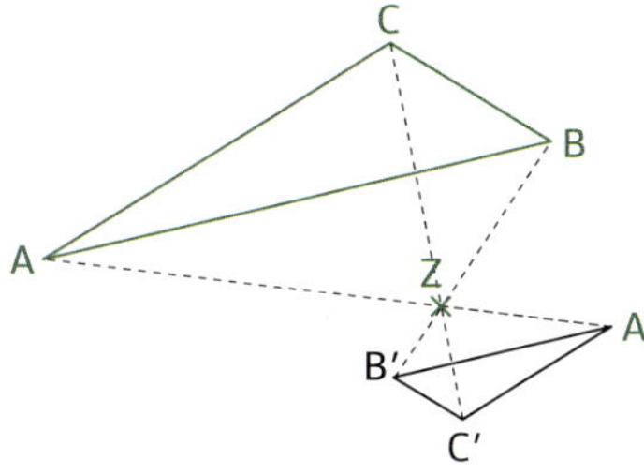

3. Untersuche die abgebildeten Dreiecke auf Ähnlichkeit.

a)

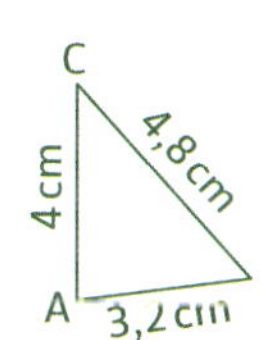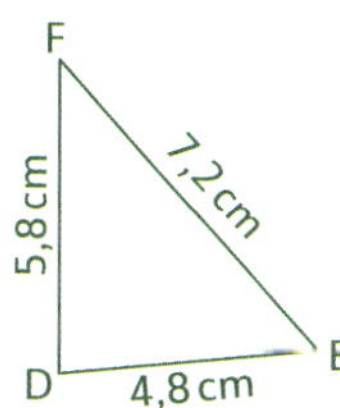

$$\frac{7{,}2\,cm}{4{,}8\,cm} = 1{,}5 \qquad \frac{4{,}8\,cm}{3{,}2\,cm} = 1{,}5$$

$$\frac{5{,}8\,cm}{4\,cm} = 1{,}45$$

Die Dreiecke sind nicht ähnlich.

b)

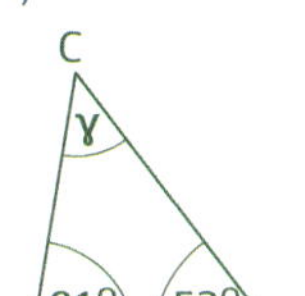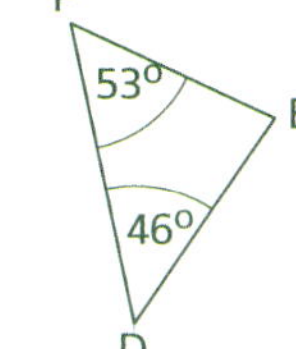

$$\gamma = 180° - 81° - 53°$$

$$\gamma = 46°$$

Die Dreiecke sind ähnlich, weil sie in zwei Winkeln (und damit auch im dritten Winkel) übereinstimmen.

Figuren sind ähnlich, wenn sie in entsprechenden Winkeln und im Verhältnis der entsprechenden Seiten übereinstimmen. Alle Kreise sind ähnlich zueinander.

21 Maßeinheiten für das Volumen

Kubikdezimeter (dm³), Kubikzentimeter (cm³), Kubikmillimeter (mm³)

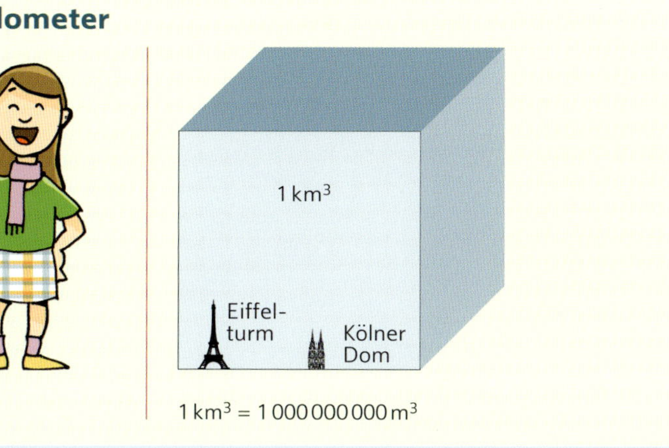

Der Kubikdezimeter ist hier aus Platzgründen verkleinert dargestellt.

$1\,cm^3 = 1000\,mm^3$
$1\,dm^3 = 1000\,cm^3$
$1\,dm^3 = 1\,000\,000\,mm^3$

1 dm³

1 mm³

1 cm³

1. Rechne in die kleinere Einheit um.
a) $13\,cm^3 = 13\,000\,mm^3$
$7\,dm^3 = 7000\,cm^3$
$0,3\,dm^3 = 300\,000\,mm^3$

b) $4\,cm^3 = 4000\,mm^3$
$0,06\,dm^3 = 60\,cm^3$
$1,8\,dm^3 = 1\,800\,000\,mm^3$

2. Rechne in die größere Einheit um.
a) $24\,000\,mm^3 = 24\,cm^3$
$131\,000\,mm^3 = 0,131\,dm^3$
$650\,cm^3 = 0,65\,dm^3$

b) $560\,000\,mm^3 = 560\,cm^3$
$4500\,cm^3 = 4,5\,dm^3$
$2\,300\,000\,mm^3 = 2,3\,dm^3$

Hohlmaße

1 dm³

1 Liter

1 ℓ = 1 dm³

4 cl
2 cl

1 Hektoliter

$1000\,ml\ (\text{Milliliter}) = 1\,\ell$
$1\,ml = 1\,cm^3$

$100\,cl\ (\text{Zentiliter}) = 1\,\ell$
$1\,cl = 10\,cm^3$

$1\,hl\ (\text{Hektoliter}) = 100\,\ell$
$10\,hl = 1\,m^3$

3. Weinbrand wird in Gläsern zu je 2 cl ausgeschenkt. Wie viele Gläser kann man mit einer 0,75-ℓ-Flasche füllen?

$0,75\,\ell = 75\,cl;\ \ 75\,cl : 2\,cl = 37,5$
Man kann 37 Gläser à 2 cl füllen.

4. Rechne in die angegebe Einheit um.
$25\,hl = 2500\,dm^3$
$3800\,ml = 3,8\,dm^3$
$430\,ml = 43\,cl$
$0,87\,\ell = 870\,000\,mm^3$

5. Ordne folgende Hohlmaße den richtigen Gegenständen zu:
330 ml   500 cm³   1,5 dm³   0,1 hl

330 ml

0,1 hl

1,5 dm³

500 cm³

Kubikmeter, Kubikkilometer

1 m³

$1\,km^3 = 1\,000\,000\,000\,m^3$

6. Rechne in die angegebe Einheit um.
$0,3\,m^3 = 300\,\ell$
$17\,hl = 1,7\,m^3$
$5\,\text{Mio}\,cm^3 = 5\,m^3$
$0,076\,m^3 = 0,76\,hl$
$28\,300\,dm^3 = 28,3\,m^3$
$27\,000\,ml = 0,027\,m^3$

7. In einem Ort mit 400 000 Einwohnern verbraucht jeder täglich 150 ℓ Trinkwasser. Wie lange reicht 1 km³ Trinkwasser zur Versorgung des Ortes aus?

$1\,km^3 = 1\,000\,000\,000\,000\,\ell$
$150\,\ell \cdot 400\,000 = 60\,000\,000\,\ell$

$t = \dfrac{1\,000\,000\,000\,000}{60\,000\,000} = 16\,666,\overline{6}$

Das Wasser reicht länger als 16 666 Tage $\left(\text{ca. } 45\tfrac{1}{2}\text{ Jahre}\right)$ zur Versorgung aus.

Volumen und Oberfläche des Würfels

- $V = a \cdot a \cdot a$
  $V = a^3$
- $O = 6 a^2$
- $a = \sqrt[3]{V}$
  $a = \sqrt{\dfrac{O}{6}}$

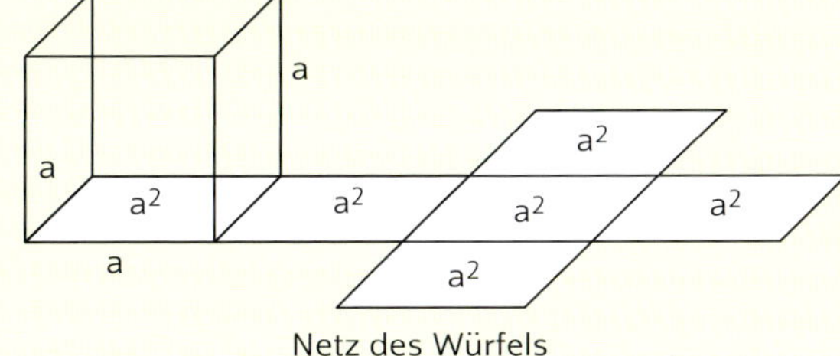

Netz des Würfels

1. Ein Würfel hat die Kantenlänge $a = 2,8\,\text{m}$. Berechne Oberfläche und Volumen.
   $O = 6 \cdot (2,8\,\text{m})^2 \qquad V = (2,8\,\text{m})^3$
   $O = 47,04\,\text{m}^2 \qquad V = 21,952\,\text{m}^3$

2. Ein Würfel hat eine Oberfläche von $433,5\,\text{cm}^2$. Berechne sein Volumen.
   $a = \sqrt{\dfrac{O}{6}} \Rightarrow a = \sqrt{\dfrac{433,5\,\text{cm}^2}{6}} \quad V = a^3 \Rightarrow V = (8,5\,\text{cm})^3$
   $\qquad\qquad a = 8,5\,\text{cm} \qquad\qquad V = 614,125\,\text{cm}^3$

Volumen und Oberfläche der quadratischen Säule

- $V = a^2 \cdot h$
- $O = 2a^2 + 4ah$
  oder
  $O = 2a \cdot (a + 2h)$

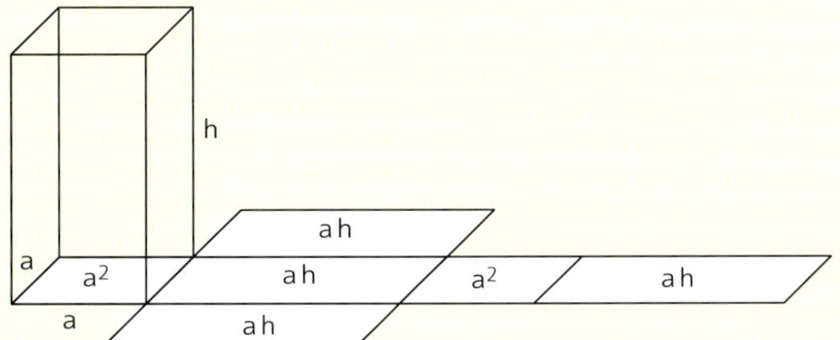

3. Eine quadratische Säule ist $5\,\text{cm}$ lang und breit sowie $8\,\text{cm}$ hoch.
   Berechne Volumen und Oberfläche.
   $V = (5\,\text{cm})^2 \cdot 8\,\text{cm} \qquad O = 2 \cdot 5\,\text{cm} \cdot (5\,\text{cm} + 2 \cdot 8\,\text{cm})$
   $V = 200\,\text{cm}^3 \qquad\qquad O = 210\,\text{cm}^2$

4. Milch kann man in Tetrapaks kaufen, die die Form einer quadratischen Säule haben.
   Die Verpackung für $1\,\ell$ Milch ist $20,4\,\text{cm}$ hoch. Berechne die Oberfläche.
   $V = a^2 \cdot h \Rightarrow a = \sqrt{\dfrac{V}{h}}$
   $a = \sqrt{\dfrac{1000\,\text{m}^3}{20,4\,\text{cm}}} \approx 7\,\text{cm}$
   $O \approx 2 \cdot (7\,\text{cm})^2 + 4 \cdot 7\,\text{cm} \cdot 20,4\,\text{cm}$
   $O \approx 669,2\,\text{cm}^2$

Volumen und Oberfläche des Quaders

- $V = a \cdot b \cdot c$
- $O = 2ab + 2ac + 2bc$
  oder
  $O = 2 \cdot (ab + ac + bc)$

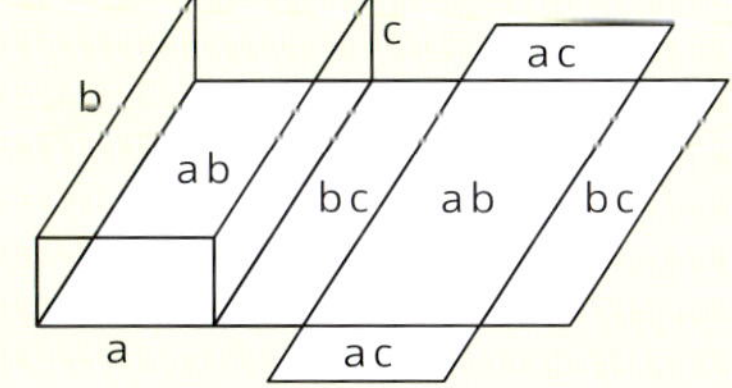

5. Ein quaderförmiges Aquarium hat die Abmaße $1,10\,\text{m} \cdot 6\,\text{dm} \cdot 70\,\text{cm}$.
   Wie viel Liter fasst es?
   $a = 1,10\,\text{m} = 11\,\text{dm} \qquad V = 11\,\text{dm} \cdot 6\,\text{dm} \cdot 7\,\text{dm}$
   $b = 6\,\text{dm} \qquad\qquad\quad V = 462\,\text{dm}^3$
   $c = 70\,\text{cm} = 7\,\text{dm}$
   Das Aquarium fasst 462 Liter.

6. Ein quaderförmiger Karton ist $60\,\text{cm}$ lang, $50\,\text{cm}$ breit und $40\,\text{cm}$ hoch.
   Wie viel Quadratmeter Pappe werden zur Herstellung von 2000 Kartons benötigt?
   $O = 2 \cdot (0,6\,\text{m} \cdot 0,5\,\text{m} + 0,6\,\text{m} \cdot 0,4\,\text{m} + 0,5\,\text{m} \cdot 0,4\,\text{m})$
   $O = 1,48\,\text{m}^2$
   $2000 \cdot O = 2960\,\text{m}^2$
   Es werden $2960\,\text{m}^2$ Pappe benötigt.

> Die quadratische Säule ist ein Sonderfall des Quaders. Der Würfel ist ein Sonderfall der quadratischen Säule und natürlich auch des Quaders.

23 Berechnung von Prismen und Zylindern

Volumen und Oberfläche von Prismen

▶ Ein Prisma ist eine Säule mit einem Vieleck als Grundfläche. Bei Säulen steht der Mantel (M) senkrecht auf der Grundfläche (G), und die Deckfläche ist parallel und kongruent zur Grundfläche.

▶ $M = u \cdot h$

▶ $O = 2G + M$

▶ $V = G \cdot h$

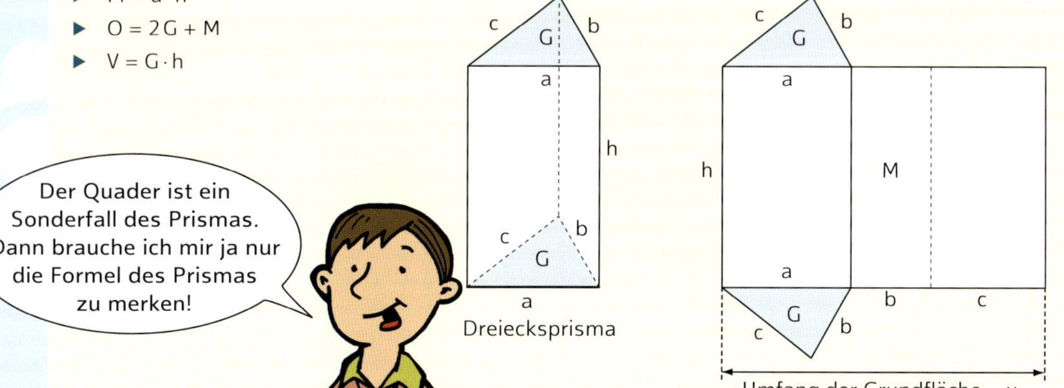

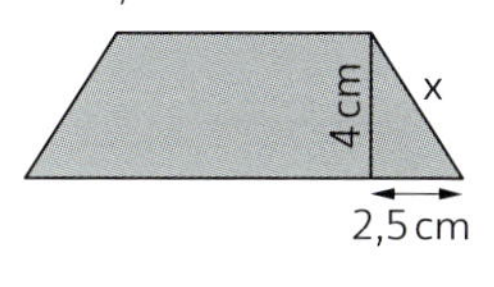

1. Berechne Volumen und Oberfläche des abgebildeten Prismas.

   a) Volumen

   G ist ein Trapez mit $A = \frac{a+c}{2} \cdot h$.

   $G = \frac{12\,\text{cm} + 7\,\text{cm}}{2} \cdot 4\,\text{cm}$

   $G = 38\,\text{cm}^2$

   $V = G \cdot h \Rightarrow V = 38\,\text{cm}^2 \cdot 20\,\text{cm}$

   $ V = 760\,\text{cm}^3$

   b) Oberfläche

   Für die Oberfläche benötigt man die Länge x. Man kann sie zeichnerisch mit einer maßgetreuen Konstruktion oder mit dem Satz des Pythagoras bestimmen.

   $x^2 = (4\,\text{cm})^2 + (2,5\,\text{cm})^2$

   $x \approx 4,717\,\text{cm}$

   $M = u \cdot h \Rightarrow M \approx (12\,\text{cm} + 4,717\,\text{cm} \cdot 2 + 7\,\text{cm}) \cdot 20\,\text{cm}$

   $M \approx 568,68\,\text{cm}^2$

   $O \approx 568,68\,\text{cm}^2 + 2 \cdot 38\,\text{cm}^2$

   $O \approx 644,68\,\text{cm}^2$

Volumen und Oberfläche des Zylinders

▶ Ein Zylinder ist eine Säule mit kreisförmiger Grundfläche.

▶ $M = u \cdot h$

   $M = 2\pi \cdot r \cdot h$

▶ $O = 2G + M$

   $O = 2\pi \cdot r^2 + 2\pi \cdot r \cdot h$

   oder:

   $O = 2\pi \cdot r \cdot (r + h)$

▶ $r = -\frac{h}{2} + \sqrt{\left(\frac{h}{2}\right)^2 + \frac{O}{2\pi}}$

   $r = \sqrt{\frac{V}{\pi \cdot h}}$

▶ $V = G \cdot h$

   $V = \pi \cdot r^2 \cdot h$

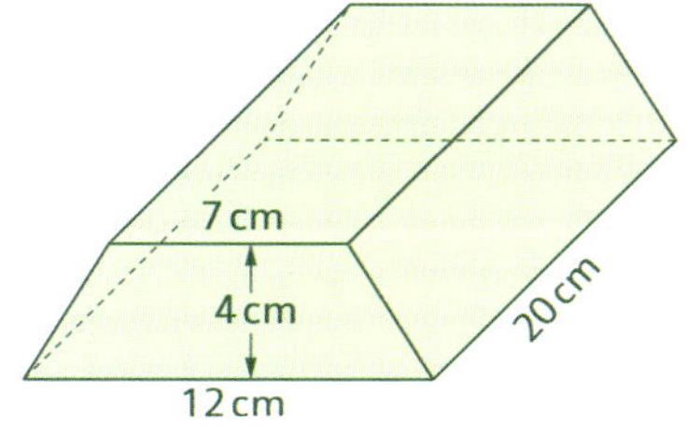

2. Wie groß ist die Anschlagfläche einer Litfaßsäule von 2,40 m Höhe und mit einem Durchmesser von 1,80 m?

   geg.: $h = 2,40\,\text{m}$; $r = 0,9\,\text{m}$

   ges.: Mantel M

   $M = 2\pi \cdot r \cdot h$

   $M = 2\pi \cdot 0,9\,\text{m} \cdot 2,40\,\text{m}$

   $M \approx 13,571...\ \text{m}^2$

   Die Anschlagfläche ist ungefähr 13,6 m² groß.

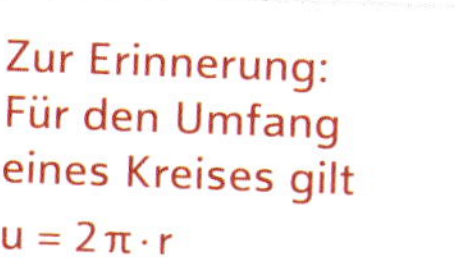

3. Ein zylindrisches Glasgefäß hat einen 440 cm² großen Mantel und ist 27 cm hoch. Wie viel Liter fasst es?

   (1) Über den Mantel kann man den Radius berechnen:

   $M = 2\pi \cdot r \cdot h \Rightarrow r = \frac{M}{2\pi \cdot h} \Rightarrow r = \frac{440\,\text{cm}^2}{2\pi \cdot 27\,\text{cm}}$

   $ r \approx 2,594\,\text{cm}$

   (2) $V = \pi \cdot r^2 \cdot h$

   $V = \pi \cdot (2,594\,\text{cm})^2 \cdot 27\,\text{cm}$

   $V \approx 570,6\,\text{cm}^3$

   Das Glasgefäß fasst ungefähr 0,57 Liter.

24 Berechnung von Pyramiden und Kegeln

Spitzkörper

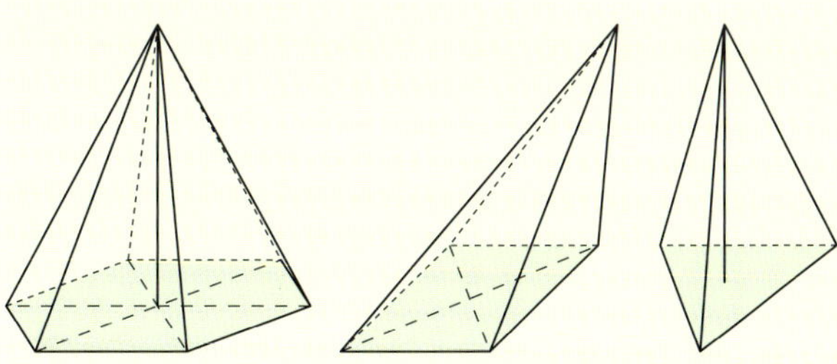

- Spitzkörper mit einem Vieleck (Polygon) als Grundfläche heißen **Pyramiden**.
- Ist die Grundfläche des Spitzkörpers von einer gekrümmten Linie umschlossen, heißt er **Kegel**.
- Für alle Spitzkörper gilt: $V = \frac{1}{3} G \cdot h$

$$O = G + M$$

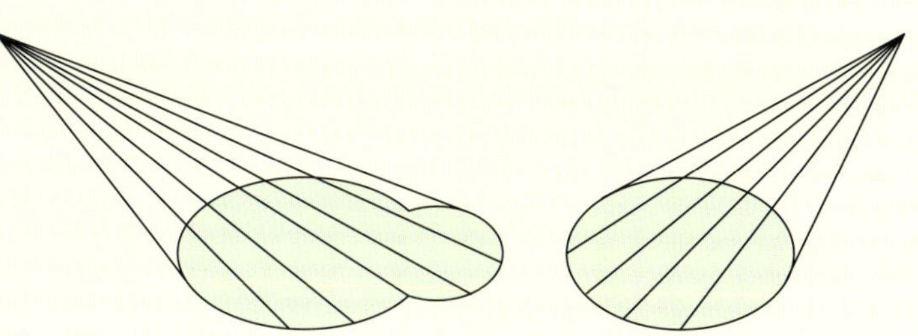

Quadratische, regelmäßige Pyramide

- Ist die Grundfläche der Pyramide ein Quadrat und befindet sich die Spitze senkrecht über dem Mittelpunkt des Quadrats, spricht man von einer quadratischen, regelmäßigen Pyramide.

- $h_s^2 = h^2 + \left(\frac{a}{2}\right)^2$
- $s^2 = h_s^2 + \left(\frac{a}{2}\right)^2$
- $s^2 = h^2 + \left(\frac{d}{2}\right)^2$
  mit $d = a \cdot \sqrt{2}$

- $V = \frac{1}{3} a^2 \cdot h$
- $h = \frac{3V}{a^2}$
- $a = \sqrt{\frac{3V}{h}}$

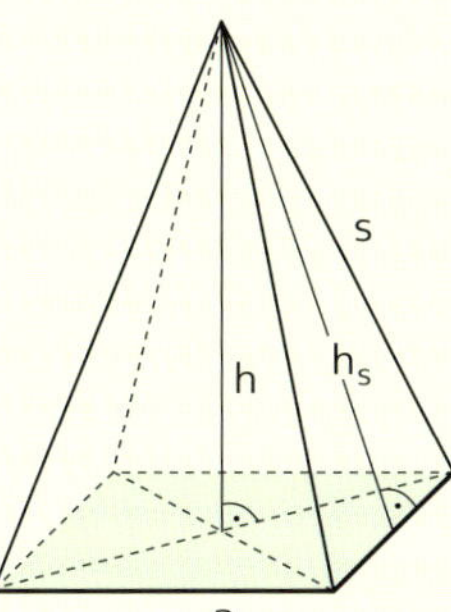

- $M = 2a \cdot h_s$
- $O = a^2 + 2a \cdot h_s$
  $= a \cdot (a + 2h_s)$
- $h_s = \frac{O - a^2}{2a}$
- $a = -h_s + \sqrt{h_s^2 + O}$

1. Die Cheopspyramide in Ägypten hat eine Oberfläche von $130\,725\,\text{m}^2$ und eine $178\,\text{m}$ lange Seitenhöhe.

   a) Berechne a, h und s sowie Mantel und Volumen.

   Berechnung von a:

   $a = -h_s + \sqrt{h_s^2 + O}$

   $a = -178\,\text{m} + \sqrt{(178\,\text{m})^2 + 130\,725\,\text{m}^2}$

   $a \approx 225\,\text{m}$

   Berechnung von h und s:

   $h^2 = h_s^2 - \left(\frac{a}{2}\right)^2$

   $h^2 \approx (178\,\text{m})^2 - \left(\frac{225\,\text{m}}{2}\right)^2$

   $h \approx 137,94\,\text{m}$

   $s^2 = h_s^2 + \left(\frac{a}{2}\right)^2$

   $s \approx 210,57\,\text{m}$

   Berechnung von M und V:

   $M = 2a \cdot h_s$

   $M \approx 2 \cdot 225\,\text{m} \cdot 178\,\text{m}$

   $M \approx 62\,073\,\text{m}^2$

   $V = \frac{1}{3} a^2 \cdot h$

   $V \approx \frac{(225\,\text{m})^2 \cdot 137,94\,\text{m}}{3}$

   $V \approx 2\,327\,737,5\,\text{m}^3$

   b) Die verbauten Steinquader haben ein durchschnittliches Volumen von $0,931\,\text{m}^3$. Wie viele solcher Steine wurden verbaut?

   $2\,327\,737,5\,\text{m}^3 : 0,931 \approx 2\,500\,255$ Es wurden 2,5 Mio Steine verbaut.

Gerader Kreiskegel

- Ist die Grundfläche des Kegels ein Kreis und befindet sich die Spitze senkrecht über dem Kreismittelpunkt, spricht man von einem geraden Kreiskegel.

- $h^2 + r^2 = s^2$

- $V = \frac{1}{3} \pi \cdot r^2 \cdot h$
- $h = \frac{3V}{\pi \cdot r^2}$
- $r = \sqrt{\frac{3V}{\pi \cdot h}}$

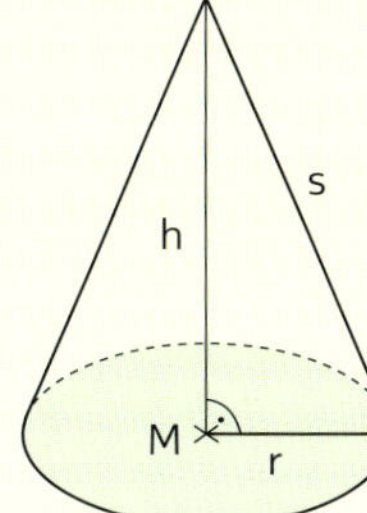

- $M = \pi \cdot r \cdot s$
- $O = \pi \cdot r^2 + \pi \cdot r \cdot s$
  $= \pi \cdot r \cdot (r + s)$
- $s = \frac{O - \pi \cdot r^2}{\pi \cdot r} = \frac{O}{\pi \cdot r} - r$
- $r = -\frac{s}{2} + \sqrt{\left(\frac{s}{2}\right)^2 + \frac{O}{\pi}}$

2. Berechne die Länge der Schultüte.

   geg.: $d = 30\,\text{cm}$, das heißt, $r = 15\,\text{cm}$

   $V = 16\frac{1}{2}\ell = 16,5\,\text{dm}^3 = 16\,500\,\text{cm}^3$

   ges.: h (Länge der Schultüte ist Höhe des Kegels)

   $h = \frac{3V}{\pi \cdot r^2} \Rightarrow h = \frac{3 \cdot 16\,500\,\text{cm}^3}{\pi \cdot (15\,\text{cm})^2}$

   $h = 70,028\ldots\,\text{cm}$

   Die Schultüte ist 70 cm lang.

25 Berechnung von Pyramidenstümpfen und Kegelstümpfen

Stumpf der quadratischen, regelmäßigen Pyramide

▶ Strahlensatz
$$\frac{x}{x+h} = \frac{a_2}{a_1}$$
$$a_1 \cdot x = a_2 \cdot x + a_2 \cdot h$$
$$x = \frac{a_2 \cdot h}{a_1 - a_2}$$

▶ $V = \frac{1}{3} h \cdot \left(a_1^2 + a_1 \cdot a_2 + a_2^2\right)$

▶ $M = 4 \cdot \frac{a_1 + a_2}{2} \cdot h_s$ mit $h_s = \sqrt{h^2 + \left(\frac{a_1 - a_2}{2}\right)^2}$

▶ $O = a_1^2 + a_2^2 + 4 \cdot \frac{a_1 + a_2}{2} \cdot h_s$

▶ Man kann einen Pyramidenstumpf auch ohne
die genannten Formeln berechnen.
Dazu berechnet man zunächst die fehlende
Höhe x der abgeschnittenen Pyramide (Strahlensatz).
Dann berechnet man jeweils die gesamte Pyramide und
die abgeschnittene Spitze und subtrahiert.

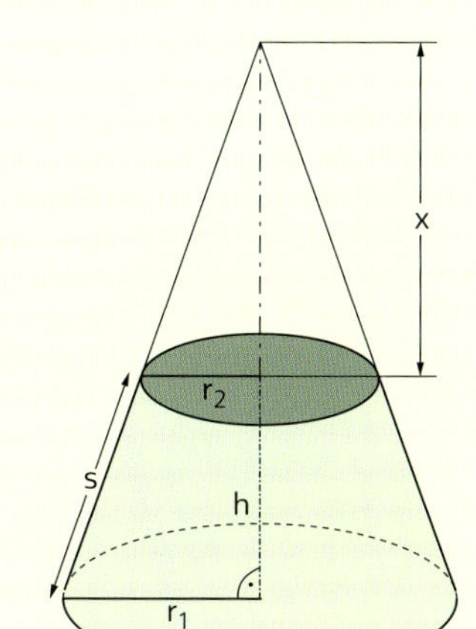

Ein Stumpf entsteht, indem die Spitze durch
einen Schnitt parallel zur Grundfläche abge-
schnitten wird.

Stumpf des geraden Kreiskegels

▶ Strahlensatz
$$\frac{x}{x+h} = \frac{r_2}{r_1}$$
$$x = \frac{r_2 \cdot h}{r_1 - r_2}$$

▶ $V = \frac{1}{3}\pi \cdot h \cdot \left(r_1^2 + r_1 \cdot r_2 + r_2^2\right)$

▶ $M = \pi \cdot s \cdot (r_1 + r_2)$ mit $s = \sqrt{h^2 + (r_1 - r_2)^2}$

▶ $O = \pi \cdot r_1^2 + \pi \cdot r_2^2 + \pi \cdot s \cdot (r_1 + r_2)$

▶ Man kann einen Kegelstumpf auch ohne
die genannten Formeln berechnen.
Dazu berechnet man zunächst die fehlende
Höhe x des abgeschnittenen Kegels (Strahlensatz).
Dann berechnet man jeweils den gesamten Kegel
und die abgeschnittene Spitze und subtrahiert.

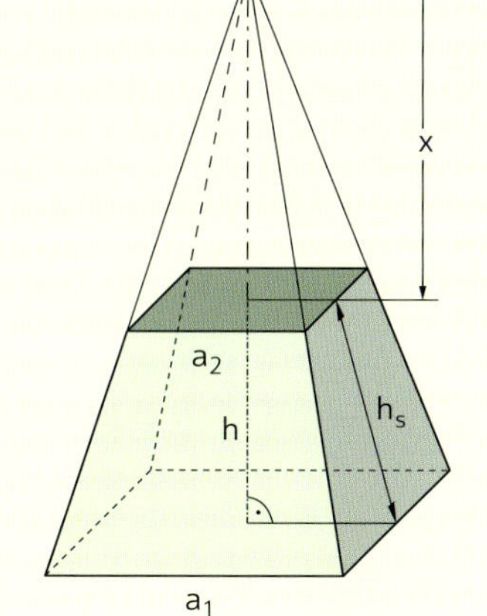

1. Berechne Oberfläche und Volumen des Pyramidenstumpfes mit den Maßen:

   $a_1 = 18\,cm$, $a_2 = 8\,cm$, $h = 12\,cm$.

   $h_s = \sqrt{(12\,cm)^2 + (5\,cm)^2}$

   $h_s = 13\,cm$

   $O = (18\,cm)^2 + (8\,cm)^2 + 4 \cdot \frac{26\,cm}{2} \cdot 13\,cm$

   $O = 1064\,cm^2$

   $V = \frac{1}{3} \cdot 12\,cm \cdot \left((18\,cm)^2 + 18\,cm \cdot 8\,cm + (8\,cm)^2\right)$

   $V = 2128\,cm^3$

2. Berechne ohne Formeln für Stumpfkörper das Volumen des abgebildeten Stumpfes.

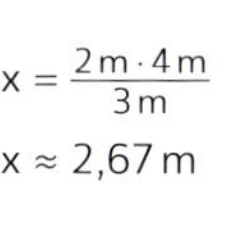

   $x = \frac{2\,m \cdot 4\,m}{3\,m}$

   $x \approx 2{,}67\,m$

   Gesamte Pyramide: $V_g \approx \frac{1}{3} \cdot (5\,m)^2 \cdot 6{,}67\,m \approx 55{,}56\,m^3$

   abgeschnittene Spitze: $V_s \approx \frac{1}{3} \cdot (2\,m)^2 \cdot 2{,}67\,m \approx 3{,}56\,m^3$

   $V_{Stumpf} = V_g - V_s \approx 55{,}56\,m^3 - 3{,}56\,m^3 \approx 52\,m^3$

3. Berechne das Volumen des Kegelstumpfes mit den Maßen:

   $r_1 = 7\,dm$, $r_2 = 4\,dm$ und $h = 0{,}85\,m$.

   $V = \frac{1}{3}\pi \cdot 8{,}5\,dm \cdot (49\,dm^2 + 28\,dm^2 + 16\,dm^2) = \frac{1}{3}\pi \cdot 8{,}5\,dm \cdot 93\,dm^2 = 827{,}8096\ldots\,dm^3$

   $V \approx 827{,}81\,dm^3$

   Das Volumen des Kegelstumpfes beträgt ca. 828 Liter.

4. Berechne ohne Formel für Stumpfkörper den Mantel des abgebildeten Stumpfes.

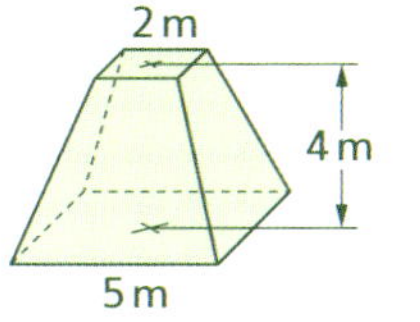
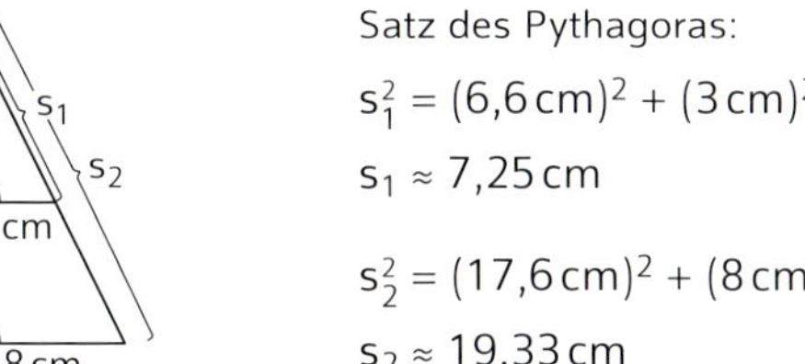

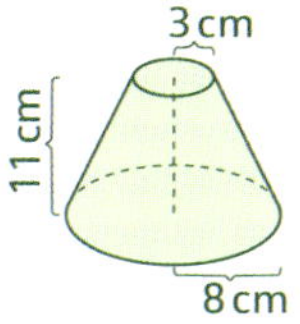

   $x = \frac{3\,cm \cdot 11\,cm}{5\,cm} = 6{,}6\,cm$

   Satz des Pythagoras:

   $s_1^2 = (6{,}6\,cm)^2 + (3\,cm)^2$

   $s_1 \approx 7{,}25\,cm$

   $s_2^2 = (17{,}6\,cm)^2 + (8\,cm)^2$

   $s_2 \approx 19{,}33\,cm$

   $M_{Stumpf} = M_{gesamt} - M_{Spitze}$

   $M_{St} \approx \pi \cdot 8\,cm \cdot 19{,}33\,cm - \pi \cdot 3\,cm \cdot 7{,}25\,cm$

   $M_{St} \approx 417{,}5\,cm^2$

Kugel

- $V = \frac{4}{3}\pi \cdot r^3$
- $O = 4\pi \cdot r^2$
- $r = \sqrt[3]{\dfrac{3V}{4\pi}}$
- $r = \sqrt{\dfrac{O}{4\pi}}$

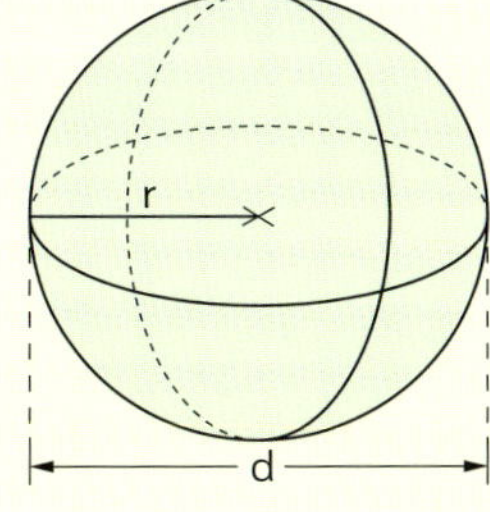

Die Oberfläche der Kugel ist genauso groß wie der Mantel des umschließenden Zylinders.

1. Eine Kugel hat einen Durchmesser von 1,80 m. Berechne V und O.

   $d = 1,80\,\text{m}$, also $r = 0,9\,\text{m}$

   $V = \frac{4}{3}\pi \cdot (0,9\,\text{m})^3 \qquad O = 4\cdot\pi \cdot (0,9\,\text{m})^2$

   $V \approx 3,054\,\text{m}^3 \qquad O \approx 10,179\,\text{m}^2$

2. Berechne die Oberfläche der Kugel mit dem Volumen $V = 30\,\ell$.

   $r = \sqrt[3]{\dfrac{3\cdot 30\,\text{dm}^3}{4\pi}} \qquad O \approx 4\pi \cdot (1,928\,\text{dm})^2$

   $r \approx 1,928\,\text{dm} \qquad O \approx 46,712\,\text{dm}^2$

Kugelschicht

- Der durch zwei parallele Ebenen aus einer Kugel ausgeschnittene Körper heißt **Kugelschicht**.
- Der Mantel der Kugelschicht wird **Kugelzone** genannt.
- Kugelschicht: $V = \frac{\pi}{6}h \cdot (3r_1^2 + 3r_2^2 + h^2)$
- Kugelzone: $M = 2\pi \cdot r \cdot h$
- Den Kugelradius r berechnet man so: $r = \sqrt{r_1^2 + \left(\dfrac{r_1^2 - r_2^2 - h^2}{2h}\right)^2}$

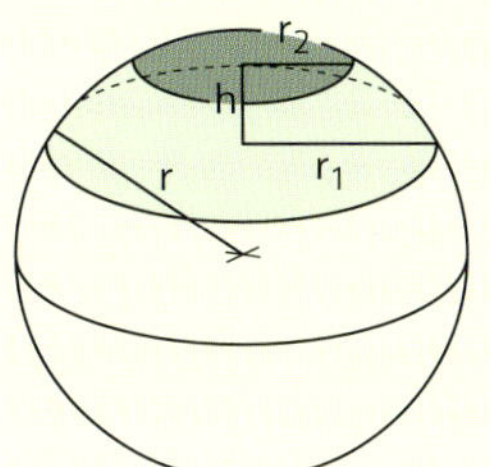

3. Eine Kugelschicht hat die Maße $r_1 = 8\,\text{m}$; $r_2 = 5\,\text{m}$; $h = 2,70\,\text{m}$.

   a) Berechne das Volumen der Kugelschicht.

   $V = \frac{\pi}{6}h \cdot (3r_1^2 + 3r_2^2 + h^2)$

   $V = \frac{\pi}{6}\cdot 2,7\,\text{m} \cdot (3\cdot(8\,\text{m})^2 + 3\cdot(5\,\text{m})^2 + (2,7\,\text{m})^2)$

   $V = 387,7683\ldots\,\text{m}^3$

   $V \approx 387,77\,\text{m}^3$

   b) Berechne den Flächeninhalt der Kugelzone.

   $r = \sqrt{(8\,\text{m})^2 + \left(\dfrac{(8\,\text{m})^2 - (5\,\text{m})^2 - (2,7\,\text{m})^2}{2\cdot 2,7\,\text{m}}\right)^2}$

   $r \approx 9,924\,\text{m}$

   $M \approx 2\pi \cdot 9,924\,\text{m} \cdot 2,7\,\text{m}$

   $M \approx 168,36\,\text{m}^2$

Kugelabschnitt

- Der **Kugelabschnitt** ist ein Sonderfall der Kugelschicht mit $r_2 = 0$.
- Der Mantel des Kugelabschnitts heißt **Kugelkappe**.
- Kugelabschnitt: $V = \frac{\pi}{6}\cdot h \cdot (3r_1^2 + h^2)$
- Kugelkappe: $M = 2\pi \cdot r \cdot h$
- Den Kugelradius r berechnet man so: $r = \sqrt{r_1^2 + \left(\dfrac{r_1^2 - h^2}{2h}\right)^2}$

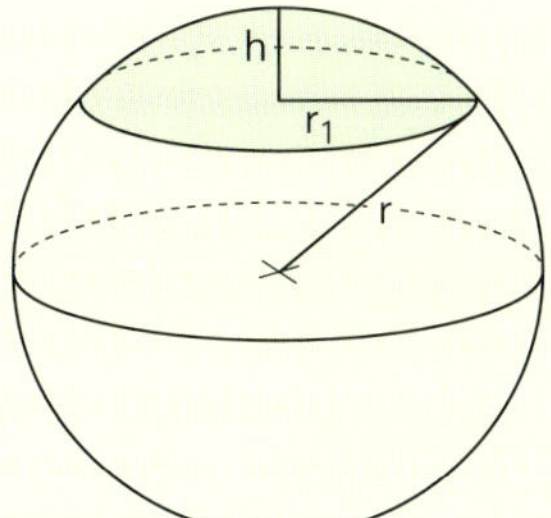

4. Ein 6 cm hoher Kugelabschnitt hat eine 160 cm² große Grundfläche. Berechne die Oberfläche.

   $O = G + M$ Zur Berechnung von M wird r und zur Berechnung von r wird r_1^2 benötigt.

   (1) $\pi \cdot r_1^2 = 160\,\text{cm}^2 \Rightarrow r_1^2 = \dfrac{160\,\text{cm}^2}{\pi} \approx 50,93\,\text{cm}^2$

   (2) $r \approx \sqrt{50,93\,\text{cm}^2 + \left(\dfrac{50,93\,\text{cm}^2 - 36\,\text{cm}^2}{2\cdot 6\,\text{cm}}\right)^2} \approx 7,244\,\text{cm}$

   (3) $O \approx 160\,\text{cm}^2 + 2\pi \cdot 7,244\,\text{cm} \cdot 6\,\text{cm}$

   $O \approx 433,1\,\text{cm}^2$

27 Zusammengesetzte Körper, Massenberechnung

Werkstücke und Hohlkörper

Zylinder mit aufgesetztem Kegel und aufgesetzter Halbkugel

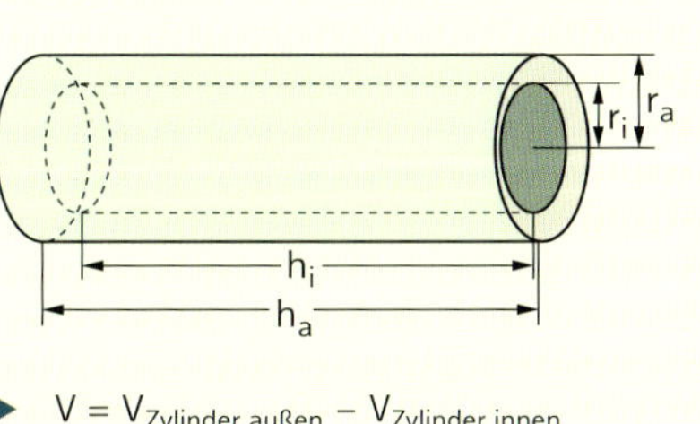

Hohlzylinder

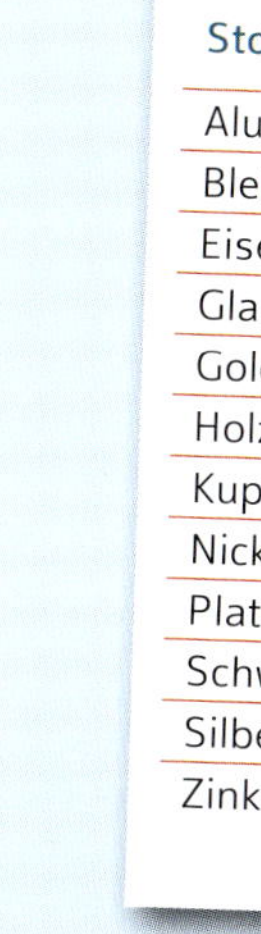

▶ $V = V_{Kegel} + V_{Zylinder} + V_{Halbkugel}$

▶ $O = M_{Kegel} + M_{Zylinder} + \frac{O_{Kugel}}{2}$

▶ $V = V_{Zylinder\ außen} - V_{Zylinder\ innen}$

▶ $V = \pi \cdot r_a^2 \cdot h_a - \pi \cdot r_i^2 \cdot h_i$

1. Berechne die Oberfläche und das Volumen des abgebildeten Werkstücks.

a) Volumen

Höhe des Kegelstumpfes: $h = 17\,cm - 8\,cm - 1,5\,cm = 7,5\,cm$

$V_1 = \pi \cdot (3,5\,cm)^2 \cdot 8\,cm \approx 307,9\,cm^3$; $V_2 = \frac{2}{3}\pi \cdot (1,5\,cm)^3 \approx 7,1\,cm^3$

$V_3 = \frac{1}{3}\pi \cdot 7,5\,cm \cdot \left((3,5\,cm)^2 + 3,5\,cm \cdot 1,5\,cm + (1,5\,cm)^2\right) \approx 155,1\,cm^3$

$V = V_1 + V_2 + V_3 \approx 470\,cm^3$

b) Oberfläche

Kante s des Kugelstumpfes: $s^2 = (7,5\,cm)^2 + (2\,cm)^2 \Rightarrow s \approx 7,76\,cm$

$O_K = 2\pi \cdot (1,5\,cm)^2 \approx 14,1\,cm^2$

$M_1 = \pi \cdot 7,76\,cm \cdot (3,5\,cm + 1,5\,cm)$

$M_1 \approx 121,9\,cm^2$; $M_2 = 2 \cdot \pi \cdot 3,5\,cm \cdot 8\,cm$; $M_2 \approx 175,9\,cm^2$

$G = \pi \cdot (3,5\,cm)^2 \approx 38,5\,cm^2$

$O = O_K + M_1 + M_2 + G \approx 350,4\,cm^2$

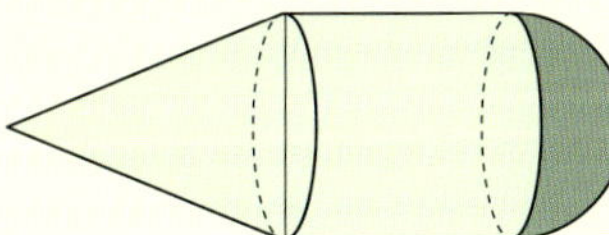

Dichte

▶ Unter der Dichte ρ eines Stoffes versteht man die Masse von $1\,cm^3$ dieses Stoffes.

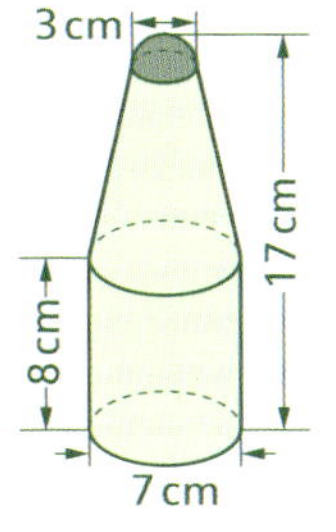

Eisen hat ungefähr die Dichte $\rho = \frac{7,9\,g}{cm^3}$

Dichte einiger Stoffe

Stoff	Dichte ρ in $\frac{g}{cm^3}$	Stoff	Dichte ρ in $\frac{g}{cm^3}$
Aluminium	2,70	Benzol	0,88
Blei	11,34	Glycerin	1,26
Eisen	7,86	Heizöl	0,87
Glas	2,80	Quecksilber	13,55
Gold	19,30	Schwefelsäure	1,83
Holz (Eiche)	0,70	Wasser	1,0
Kupfer	8,93	Chlor	0,003 215
Nickel	8,80	Helium	0,000 179
Platin	21,40	Luft	0,001 293
Schwefel	2,07	Propan	0,002 01
Silber	10,50	Sauerstoff	0,001 429
Zink	7,13	Wasserstoff	0,000 089

Berechnung von Massen

Ist m die Masse eines Körpers,

V sein Volumen

und ρ seine Dichte, so gilt:

▶ $m = V \cdot \rho$

▶ $V = \frac{m}{\rho}$

▶ $\rho = \frac{m}{V}$

In der Umgangssprache wird häufig das Wort „Gewicht" benutzt, wenn die Masse gemeint ist. In den Naturwissenschaften sind g, kg, t usw. Maßeinheiten für die Masse, die Gewichtskraft wird in N (Newton) gemessen.

2. Ein Gegenstand aus einem bestimmten Metall hat ein Volumen von $240\,cm^3$ und eine Masse von 2143,2 g. Aus welchem Material ist der Gegenstand?

$\rho = \frac{m}{V} \Rightarrow \rho = \frac{2143,2\,g}{240\,cm^3} = 8,93\,\frac{g}{cm^3}$ ⇒ Der Gegenstand ist aus Kupfer.

3. Wie viel wiegt eine Goldkugel mit einem Durchmesser von 12 cm?

$V = \frac{4}{3}\pi \cdot r^3 \Rightarrow V = \frac{4}{3}\pi \cdot (6\,cm)^3 = 904,7786...\,cm^3$

$m = V \cdot \rho \Rightarrow m \approx 904,78\,cm^3 \cdot 19,3\,\frac{g}{cm^3} \approx 17\,462\,g$

Die Goldkugel wiegt ca. 17,5 kg.

Sinus, Kosinus und Tangens

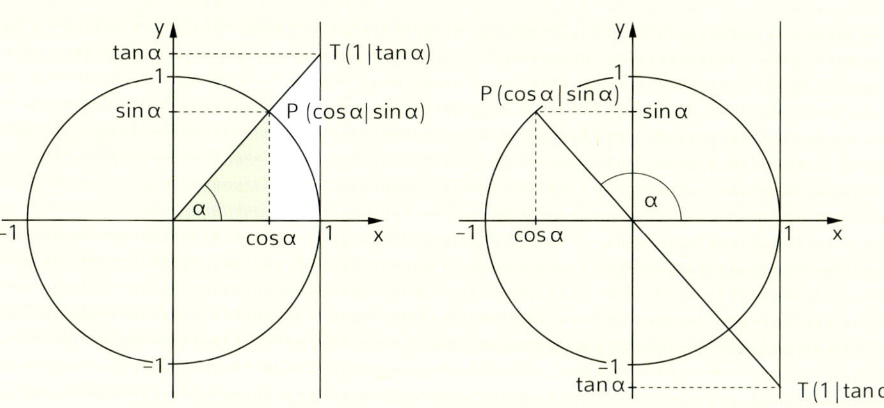

- Der zweite Schenkel des Winkels α trifft den Einheitskreis (r = 1) im Punkt P. Dessen y-Koordinate wird als **Sinus von α (sin α)** und dessen x-Koordinate als **Kosinus von α (cos α)** bezeichnet.
- Die Zuordnungen $\alpha \mapsto \sin\alpha$ und $\alpha \mapsto \cos\alpha$ sind Funktionen.
- Die Trägergerade des zweiten Schenkels von α trifft die Parallele zur y-Achse durch die Stelle $x = 1$ im Punkt T. Die y-Koordinate dieses Punktes wird als **Tangens von α (tan α)** bezeichnet.
- Die Zuordnung $\alpha \mapsto \tan\alpha$ ist eine Funktion.

> Die Parallele zur y-Achse duch die Stelle x = 1 ist eine Tangente an den Einheitskreis. Deshalb heißt die Winkelfunktion auch Tangens.

1. Bestimme mit dem Geodreieck die Funktionswerte und vergleiche mit dem Taschenrechner.

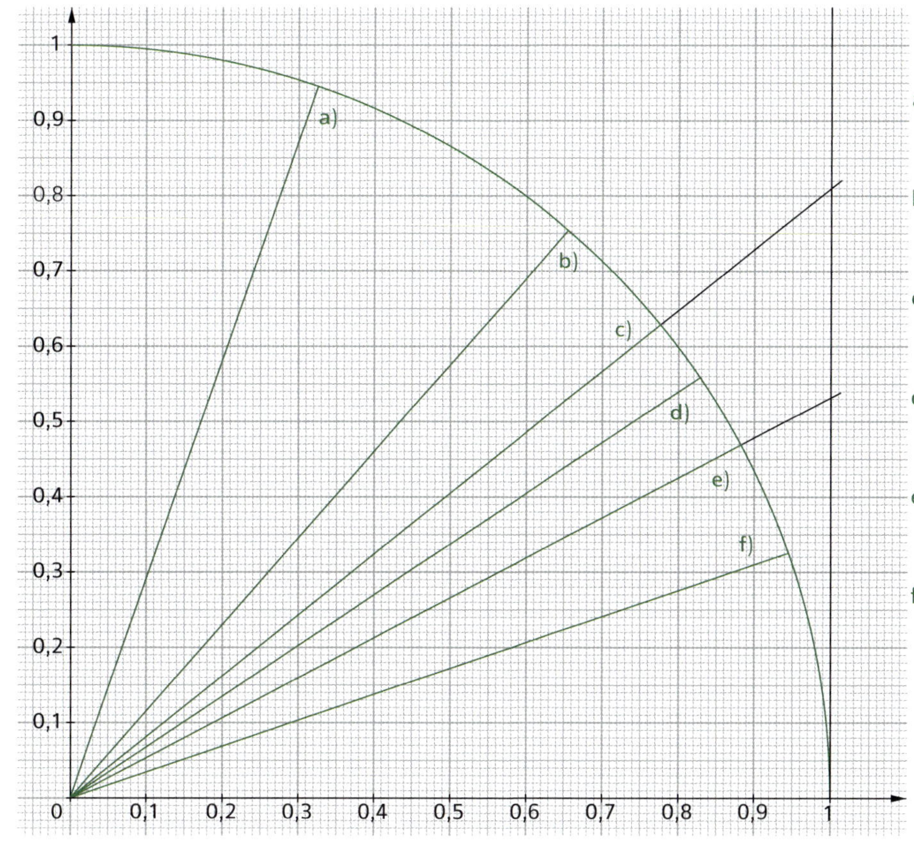

a) $\cos 71°$
   $\approx 0,33$
   TR: $0,325\,568\ldots$
b) $\sin 49°$
   $\approx 0,75$
   TR: $0,754\,709\ldots$
c) $\tan 39°$
   $\approx 0,81$
   TR: $0,809\,784\ldots$
d) $\sin 34°$
   $\approx 0,56$
   TR: $0,559\,192\ldots$
e) $\tan 28°$
   $\approx 0,53$
   TR: $0,531\,709\ldots$
f) $\cos 19°$
   $\approx 0,95$
   TR: $0,945\,518\ldots$

Zusammenhänge, besondere Funktionswerte, Additionstheoreme

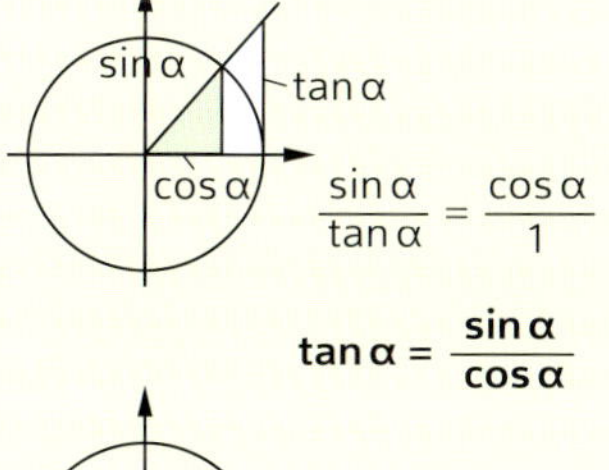

$$\frac{\sin\alpha}{\tan\alpha} = \frac{\cos\alpha}{1}$$

$$\tan\alpha = \frac{\sin\alpha}{\cos\alpha}$$

$$(\sin\alpha)^2 + (\cos\alpha)^2 = 1$$
bzw. $\sin^2\alpha + \cos^2\alpha = 1$

	0°	30°	45°	60°	90°
$\sin\alpha$	0	$\frac{1}{2}$	$\frac{1}{2}\sqrt{2}$	$\frac{1}{2}\sqrt{3}$	1
$\cos\alpha$	1	$\frac{1}{2}\sqrt{3}$	$\frac{1}{2}\sqrt{2}$	$\frac{1}{2}$	0
$\tan\alpha$	0	$\frac{1}{3}\sqrt{3}$	1	$\sqrt{3}$	nicht definiert

- $\sin(\alpha \pm \beta) = \sin\alpha \cdot \cos\beta \pm \cos\alpha \cdot \sin\beta$
- $\cos(\alpha \pm \beta) = \cos\alpha \cdot \cos\beta \mp \sin\alpha \cdot \sin\beta$
- $\tan(\alpha \pm \beta) = \frac{\tan\alpha \pm \tan\beta}{1 \mp \tan\alpha \cdot \tan\beta}$
- $\sin 2\alpha = 2 \cdot \sin\alpha \cdot \cos\alpha$
- $\cos 2\alpha = \cos^2\alpha - \sin^2\alpha$
- $\tan 2\alpha = \frac{2 \cdot \tan\alpha}{1 - \tan^2\alpha}$

- $\sin\frac{\alpha}{2} = \pm\sqrt{\frac{1-\cos\alpha}{2}}$
- $\cos\frac{\alpha}{2} = \pm\sqrt{\frac{1+\cos\alpha}{2}}$
- $\tan\frac{\alpha}{2} = \frac{\sin\alpha}{1+\cos\alpha}$
- $\sin\alpha + \sin\beta = 2 \cdot \sin\left(\frac{\alpha+\beta}{2}\right) \cdot \cos\left(\frac{\alpha-\beta}{2}\right)$
- $\sin\alpha - \sin\beta = 2 \cdot \cos\left(\frac{\alpha+\beta}{2}\right) \cdot \sin\left(\frac{\alpha-\beta}{2}\right)$
- $\cos\alpha + \cos\beta = 2 \cdot \cos\left(\frac{\alpha+\beta}{2}\right) \cdot \cos\left(\frac{\alpha-\beta}{2}\right)$
- $\cos\alpha - \cos\beta = -2 \cdot \sin\left(\frac{\alpha+\beta}{2}\right) \cdot \sin\left(\frac{\alpha-\beta}{2}\right)$

29 Bogenmaß, Graphen von Winkelfunktionen

Bogenmaß

- Jedem Winkel α im Einheitskreis ist eindeutig ein Bogenmaß b_α zugeordnet und umgekehrt.
- Es gilt $\frac{\alpha}{360°} = \frac{b_\alpha}{2\pi}$ (wegen $r = 1$).
- $b_\alpha = \frac{2\pi \cdot \alpha}{360°}$
- $b_\alpha = \frac{\pi \cdot \alpha}{180°}$
- $\alpha = \frac{180° \cdot b_\alpha}{\pi}$

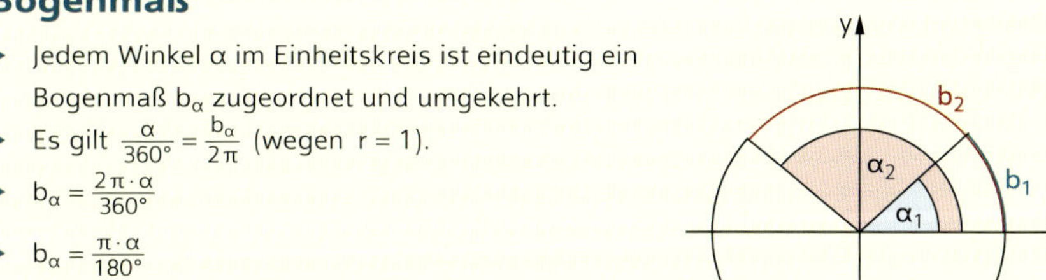

1. Berechne b_α bei gegebenem α.

α	b_α
15°	0,2618
27°	0,4712
90°	1,5708 $\left(= \frac{\pi}{2}\right)$
163°	2,8449
180°	3,1416 $(= \pi)$
313°	5,4629
540°	9,4248 $(= 3\pi)$

2. Berechne α bei gegebenem b_α.

b_α	α
0,35	20,1°
0,79	45,3°
1,6	91,7°
2	114,6°
4,43	253,8°
$\frac{3\pi}{2}$	270°
4π	720°

Graphen von sin x, cos x und tan x

Sinus	Kosinus	Tangens
▸ $D = \mathbb{R}$ $W = [-1; 1]$	▸ $D = \mathbb{R}$ $W = [-1; 1]$	▸ $D = \mathbb{R} \setminus \left\{\frac{\pi}{2}, -\frac{\pi}{2}, \frac{3\pi}{2}, -\frac{3\pi}{2}, \dots\right\}$ $W = \mathbb{R}$
▸ Der Graph ist punktsymmetrisch zu allen Punkten $(z \cdot \pi \mid 0)$ mit $z \in \mathbb{Z}$.	▸ Der Graph ist punktsymmetrisch zu allen Punkten $\left(z \cdot \frac{\pi}{2} \mid 0\right)$ mit $z \in \mathbb{Z}^*$.	▸ Der Graph ist punktsymmetrisch zu allen Punkten $(z \cdot \pi \mid 0)$ mit $z \in \mathbb{Z}$.
▸ Der Graph ist achsensymmetrisch zu allen Parallelen der y-Achse durch $x = z \cdot \frac{\pi}{2}$ mit $z \in \mathbb{Z}^*$.	▸ Der Graph ist achsensymmetrisch zu allen Parallelen der y-Achse durch $x = z \cdot \pi$ mit $z \in \mathbb{Z}$.	▸ Periodenlänge π.
▸ Periodenlänge 2π.	▸ Periodenlänge 2π.	

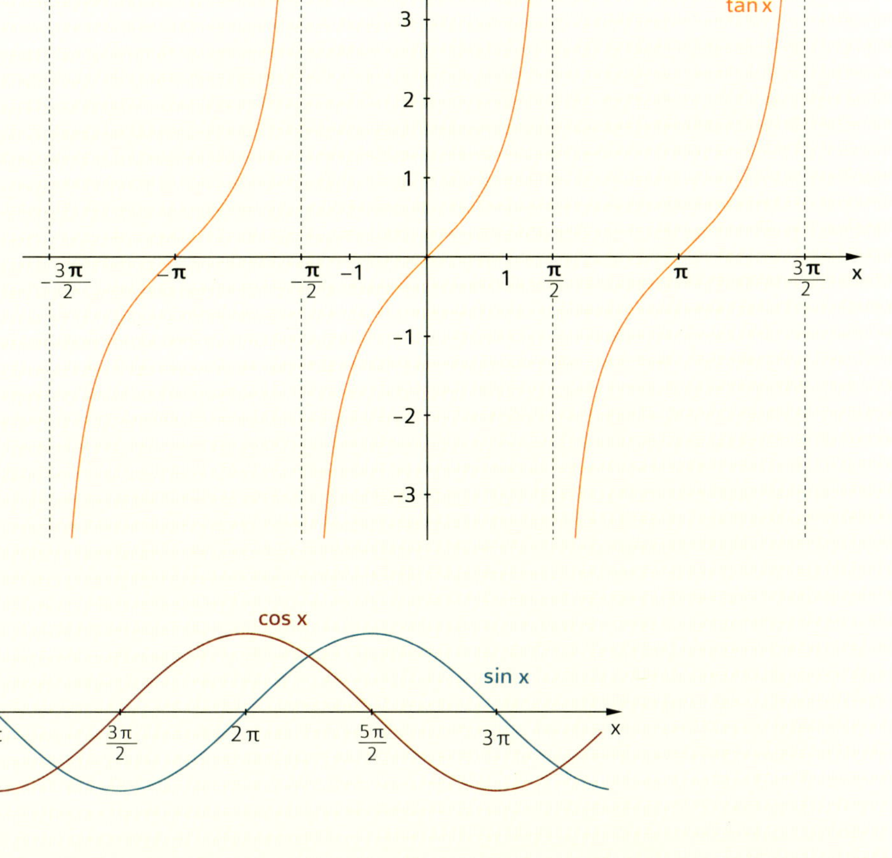

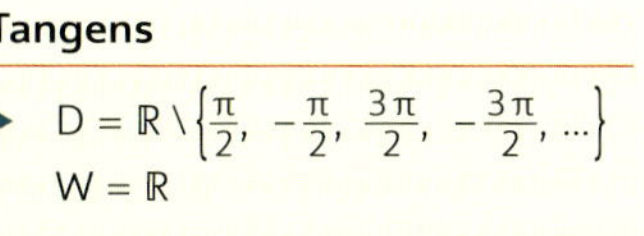

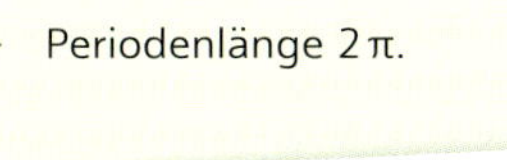

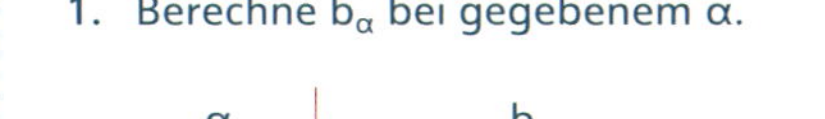

Sinus, Kosinus und Tangens als Seitenverhältnisse

$\dfrac{1}{c} = \dfrac{\sin\alpha}{a} \Leftrightarrow \sin\alpha = \dfrac{a}{c}$

▶ $\sin\alpha = \dfrac{\text{Gegenkathete von }\alpha}{\text{Hypotenuse}}$

$\dfrac{1}{c} = \dfrac{\cos\alpha}{b} \Leftrightarrow \cos\alpha = \dfrac{b}{c}$

▶ $\cos\alpha = \dfrac{\text{Ankathete von }\alpha}{\text{Hypotenuse}}$

$\dfrac{1}{b} = \dfrac{\tan\alpha}{a} \Leftrightarrow \tan\alpha = \dfrac{a}{b}$

▶ $\tan\alpha = \dfrac{\text{Gegenkathete von }\alpha}{\text{Ankathete von }\alpha}$

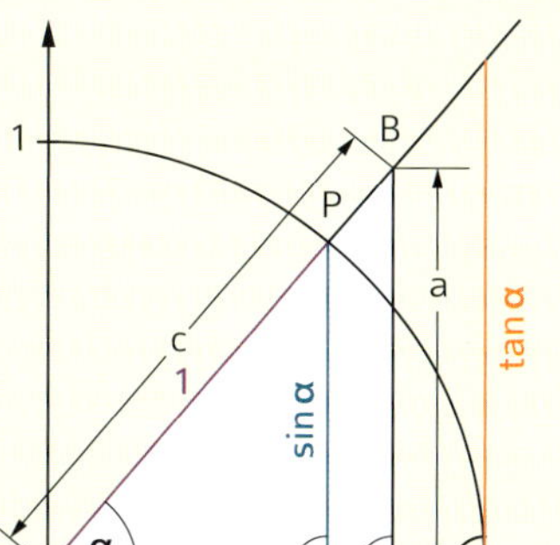

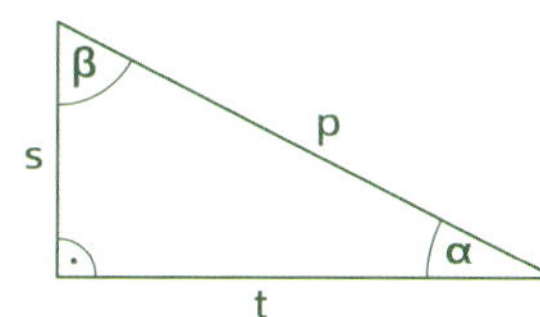

1. Ergänze die fehlende Seite.

a)

$\sin\alpha = \dfrac{s}{p}$ $\tan\beta = \dfrac{t}{s}$

b)
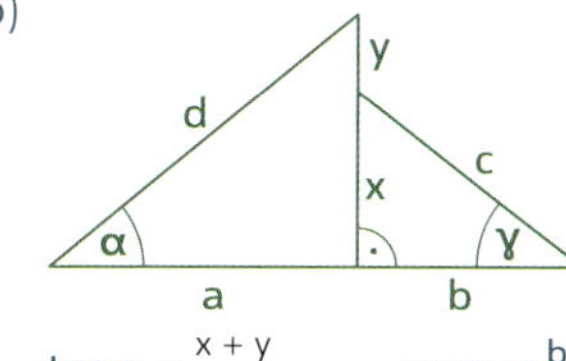

$\tan\alpha = \dfrac{x+y}{a}$ $\cos\gamma = \dfrac{b}{c}$

$\cos\alpha = \dfrac{a}{d}$ $\sin\alpha = \dfrac{x+y}{d}$

2. Schreibe das Seitenverhältnis auf.

a)
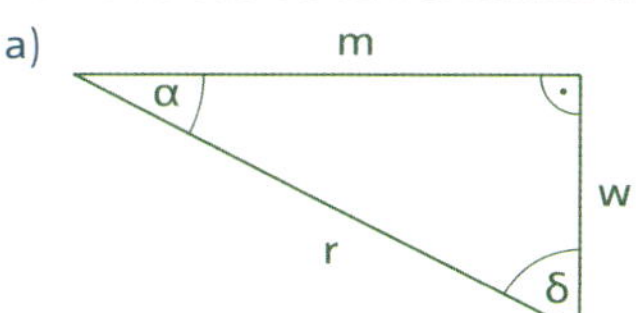

$\sin\alpha = \dfrac{w}{r}$ $\tan\alpha = \dfrac{w}{m}$ $\cos\alpha = \dfrac{m}{r}$

$\tan\delta = \dfrac{m}{w}$ $\cos\delta = \dfrac{w}{r}$ $\sin\delta = \dfrac{m}{r}$

b)
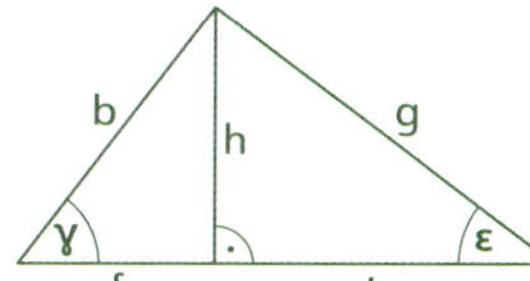

$\tan\gamma = \dfrac{h}{f}$ $\cos\varepsilon = \dfrac{t}{g}$ $\sin\varepsilon = \dfrac{h}{g}$

Berechnung von Seiten im rechtwinkligen Dreieck

Neben dem rechten Winkel ist ein weiterer Winkel α gegeben, außerdem sei:

a) die Hypotenuse gegeben und eine Kathete gesucht.

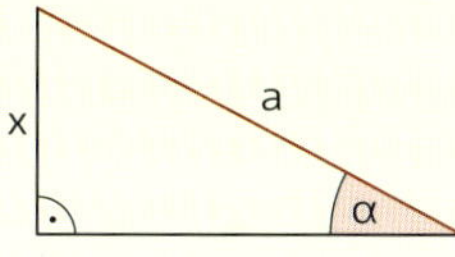

▶ $\sin\alpha = \dfrac{x}{a} \Leftrightarrow x = a \cdot \sin\alpha$

b) eine Kathete gegeben und die Hypotenuse gesucht.

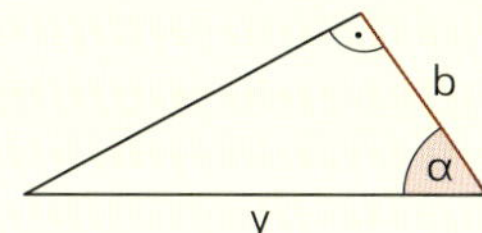

▶ $\cos\alpha = \dfrac{b}{y} \Leftrightarrow y = \dfrac{b}{\cos\alpha}$

c) eine Kathete gegeben und die andere Kathete gesucht.

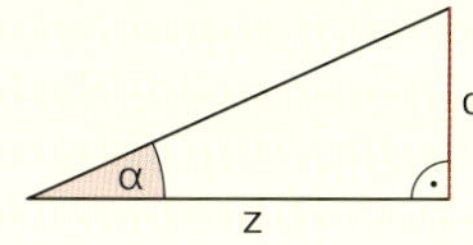

▶ $\tan\alpha = \dfrac{c}{z} \Leftrightarrow z = \dfrac{c}{\tan\alpha}$

3. Berechne die fehlenden Seiten des Dreiecks.

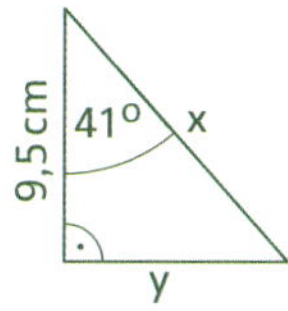

$\cos 41° = \dfrac{9,5\,\text{cm}}{x}$ $\tan 41° = \dfrac{y}{9,5\,\text{cm}}$

$x = \dfrac{9,5\,\text{cm}}{\cos 41°}$ $y = 9,5\,\text{cm} \cdot \tan 41°$

$x \approx 12,6\,\text{cm}$ $y \approx 8,3\,\text{cm}$

4. Ein startendes Flugzeug hebt an der Stelle F ab und steigt mit 6° an. Wie hoch überfliegt es das 25 km von F entfernte Dorf Schulzenheim?

$\tan 6° = \dfrac{x}{25\,\text{km}}$ $x \approx 2,63\,\text{km}$ ⇒ Es überfliegt Schulzenheim in ca. 2,63 km Höhe.

Berechnung eines Winkels im rechtwinkligen Dreieck

gegeben: a und m; gesucht: α

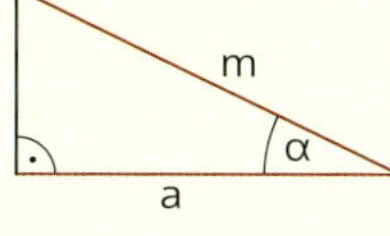

▶ $\cos\alpha = \dfrac{a}{m} \Leftrightarrow \alpha = \arccos\left(\dfrac{a}{m}\right)$

gegeben: p und q; gesucht: β

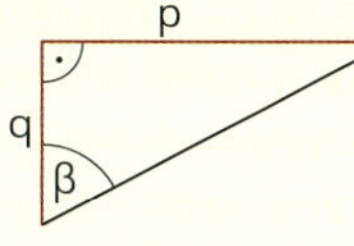

▶ $\tan\beta = \dfrac{p}{q} \Leftrightarrow \beta = \tan^{-1}\left(\dfrac{p}{q}\right)$

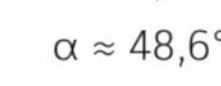

5. Berechne den Winkel α.

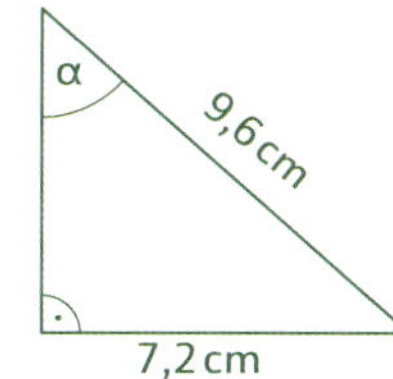

$\sin\alpha = \dfrac{7,2\,\text{cm}}{9,6\,\text{cm}}$

$\sin\alpha = 0,75$

$\alpha \approx 48,6°$

31 Sinussatz und Kosinussatz

Sinussatz

- ▶ $\frac{a}{\sin\alpha} = \frac{b}{\sin\beta} = \frac{c}{\sin\gamma}$ (= 2r)
- ▶ $a = \frac{b \cdot \sin\alpha}{\sin\beta} \left| = \frac{c \cdot \sin\alpha}{\sin\gamma} \right|$
- ▶ $b = \frac{a \cdot \sin\beta}{\sin\alpha} \left| = \frac{c \cdot \sin\beta}{\sin\gamma} \right|$
- ▶ $c = \frac{a \cdot \sin\gamma}{\sin\alpha} \left| = \frac{b \cdot \sin\gamma}{\sin\beta} \right|$

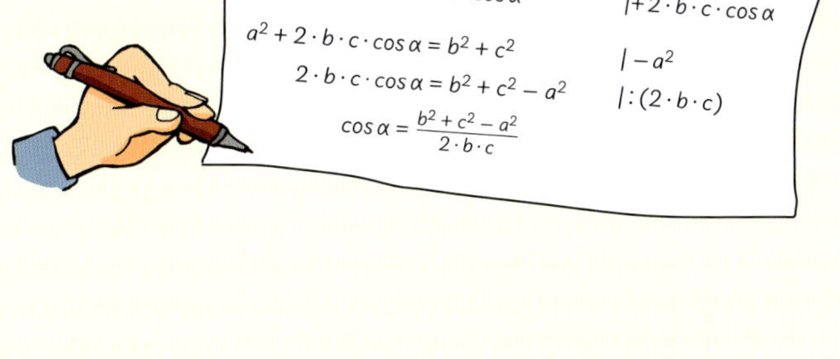

1. Berechne im skizzierten Dreieck die Länge der Strecke x.

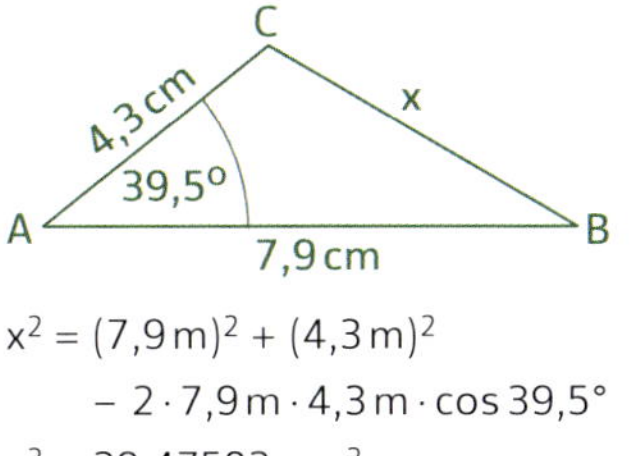

Der dritte Winkel ist 79° groß.

$\frac{x}{\sin 57°} = \frac{5{,}4\,cm}{\sin 79°}$

$x = \frac{5{,}4\,cm \cdot \sin 57°}{\sin 79°}$

$x \approx 4{,}6\,cm$

2. Konstruiere das Dreieck aus c = 3,2 cm; α = 103°; γ = 37° sowie den Umkreis dieses Dreiecks. Miss und berechne den Radius des Umkreises.

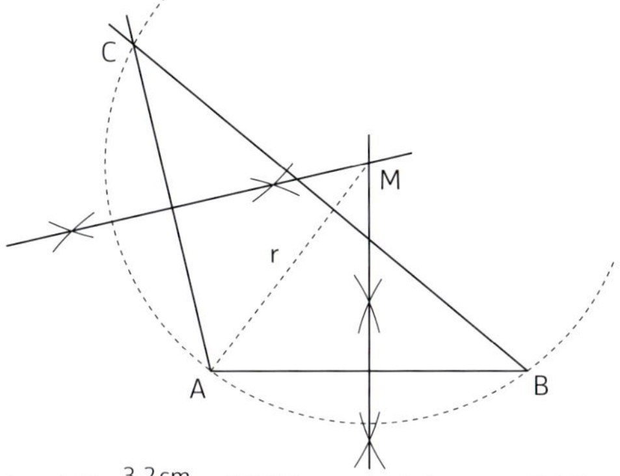

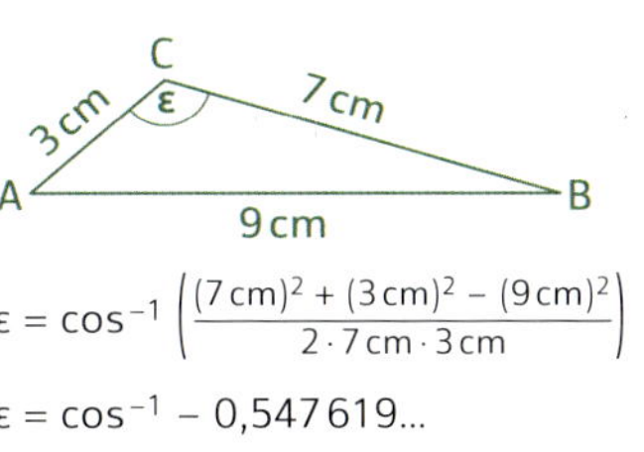

$b = 40°;\ \frac{3{,}2\,cm}{\sin 37°} = 5{,}317...\,cm\ (= 2r) \Rightarrow r \approx 2{,}66\,cm$

Kosinussatz

- ▶ $\mathbf{a^2 = b^2 + c^2 - 2 \cdot b \cdot c \cdot \cos\alpha}$
- ▶ $\alpha = \cos^{-1}\left(\frac{b^2 + c^2 - a^2}{2 \cdot b \cdot c}\right)$
- ▶ $\mathbf{b^2 = a^2 + c^2 - 2 \cdot a \cdot c \cdot \cos\beta}$
- ▶ $\beta = \cos^{-1}\left(\frac{a^2 + c^2 - b^2}{2 \cdot a \cdot c}\right)$
- ▶ $\mathbf{c^2 = a^2 + b^2 - 2 \cdot a \cdot b \cdot \cos\gamma}$
- ▶ $\gamma = \cos^{-1}\left(\frac{a^2 + b^2 - c^2}{2 \cdot a \cdot b}\right)$

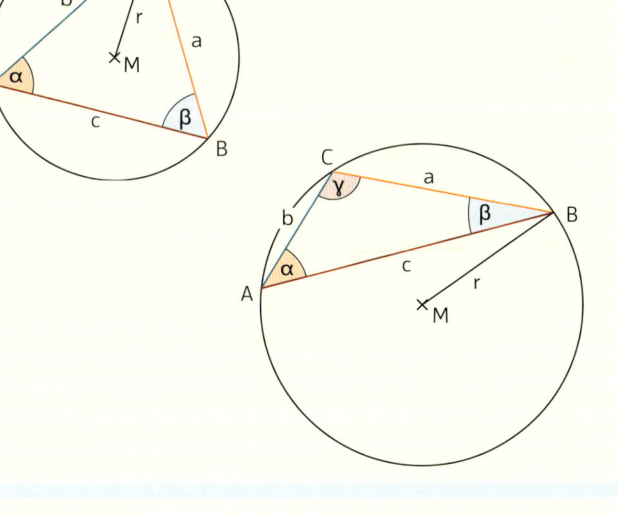

3. Berechne die Länge x.

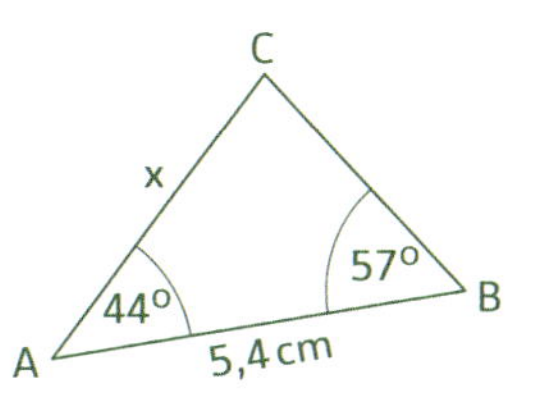

$x^2 = (7{,}9\,m)^2 + (4{,}3\,m)^2$
$\quad - 2 \cdot 7{,}9\,m \cdot 4{,}3\,m \cdot \cos 39{,}5°$

$x^2 = 28{,}47582...\,m^2$

$x \approx 5{,}34\,m$

4. Berechne den Winkel ε.

$\varepsilon = \cos^{-1}\left(\frac{(7\,cm)^2 + (3\,cm)^2 - (9\,cm)^2}{2 \cdot 7\,cm \cdot 3\,cm}\right)$

$\varepsilon = \cos^{-1} - 0{,}547619...$

$\varepsilon \approx 123{,}2°$

Flächeninhalt

Sind a und b Seiten eines Dreiecks und γ der von ihnen eingeschlossene Winkel, so gilt für den Flächeninhalt des Dreiecks:

- ▶ $A = \frac{1}{2} \cdot a \cdot b \cdot \sin\gamma$

Entsprechend gilt:

- ▶ $A = \frac{1}{2} \cdot b \cdot c \cdot \cos\alpha$ und
- ▶ $A = \frac{1}{2} \cdot a \cdot c \cdot \cos\beta$

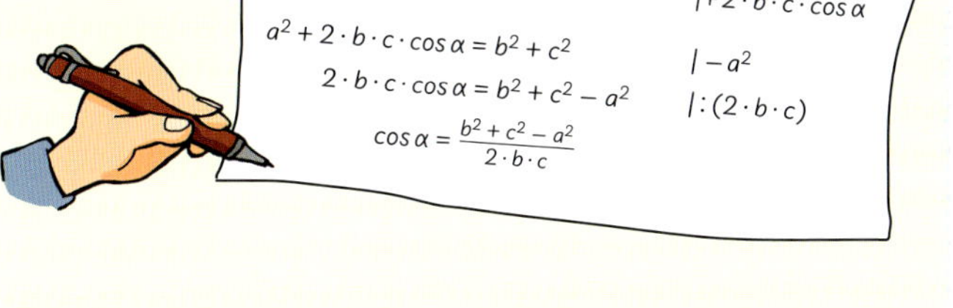

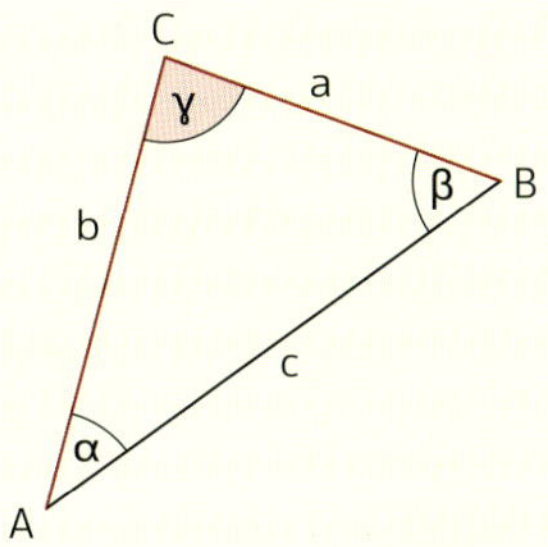

5. Das abgebildete Waldstück wird durch den 8 km langen Forstweg, den 6,2 km langen Birkenpfad und die Ebereschenallee begrenzt. Der Winkel zwischen Forstweg und Birkenpfad beträgt 63,7°. Wie groß ist das Waldstück?

$A = \frac{1}{2} \cdot a \cdot b \cdot \sin\gamma \Rightarrow A = 0{,}5 \cdot 8\,km \cdot 6{,}2\,km \cdot \sin 63{,}7°$

$A = 22{,}23286...\,km^2$

Das Waldstück ist ca. 22 km² und 23 ha groß.

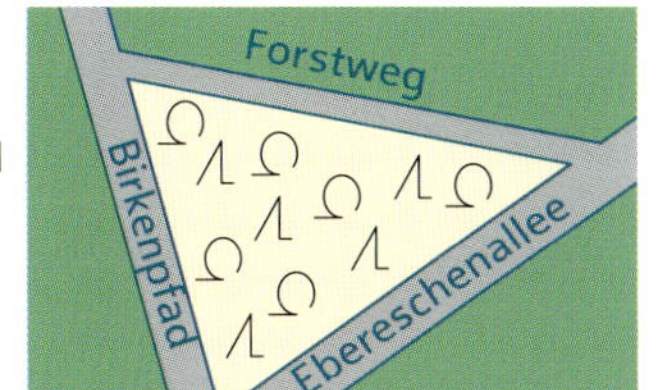

Veränderung des Graphen durch einen Faktor a oder b

- Steht ein Faktor a vor $\sin x$, ändert sich der Wertebereich.
- Die Funktion $y = a \cdot \sin x$ hat den Wertebereich $W = [-a;\, a]$.
- Der „Ausschlag" bzw. die **Amplitude** wird geändert: Bei $|a| > 1$ vergrößert sich die Amplitude, bei $|a| < 1$ verkleinert sie sich.

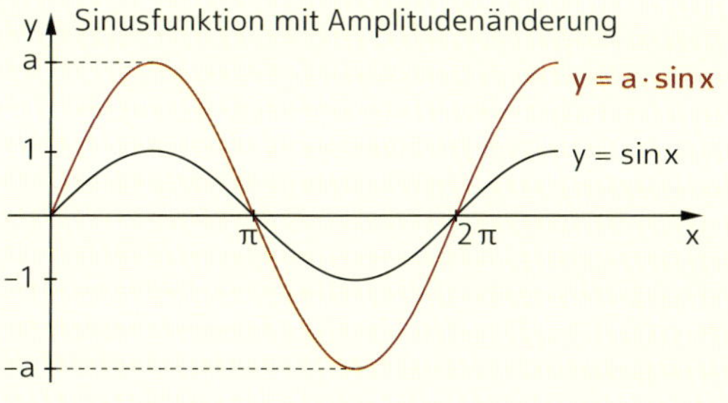

- Steht ein Faktor b vor x, ändert sich die Periodenlänge.
- Die Funktion $y = \sin(b \cdot x)$ hat die Periodenlänge $\frac{2\pi}{b}$.
- Auf demselben Teilstück der x-Achse tritt die Periode häufiger oder seltener auf (**Frequenzänderung**).

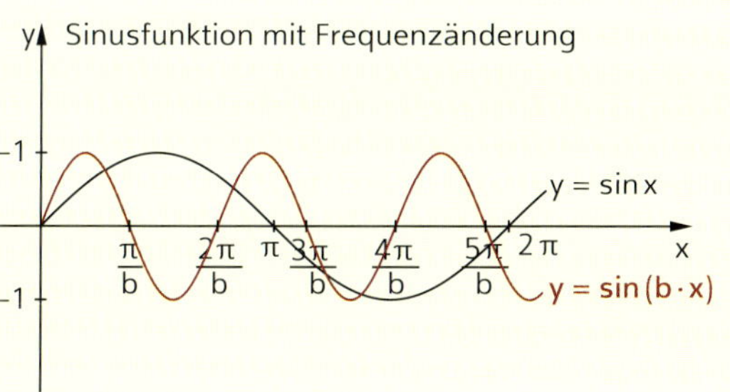

Veränderung des Graphen durch einen Summanden c oder d

- Der Graph der Funktion $y = \sin(x - c)$ ist der um c längs der x-Achse verschobene Graph der Sinusfunktion.
- Die **Phase** wird verändert.
- Es gilt $\sin\left(x + \frac{\pi}{2}\right) = \cos x$

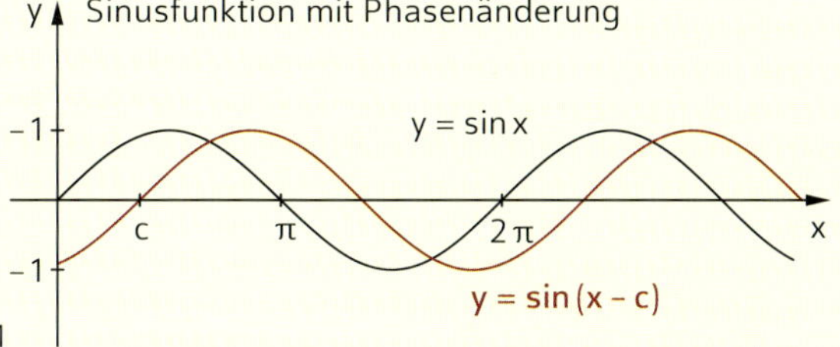

- Der Graph der Funktion $y = \sin x + d$ ist der um d längs der y-Achse verschobene Graph der Sinusfunktion.
- Für die Höhenänderung gibt es keinen Fachbegriff.

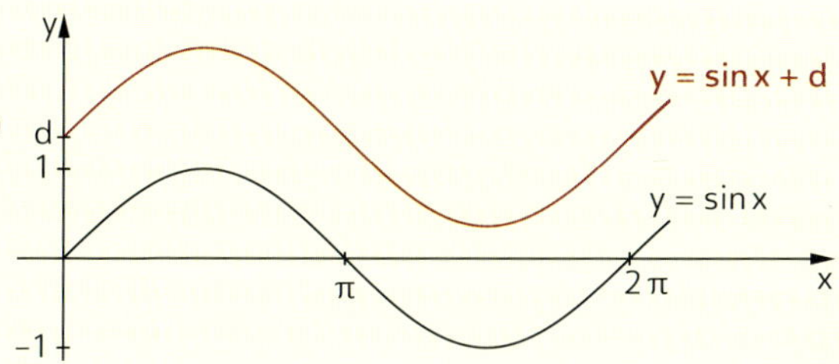

Kombination verschiedener Faktoren und Summanden

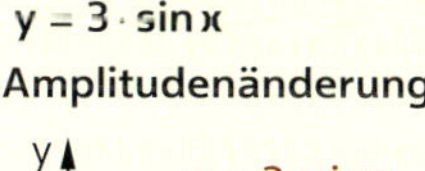

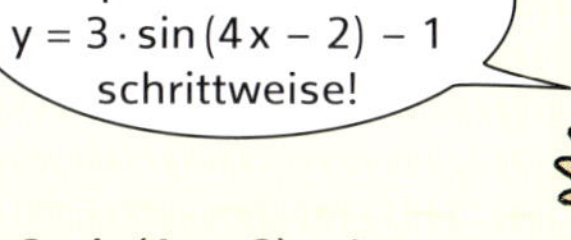
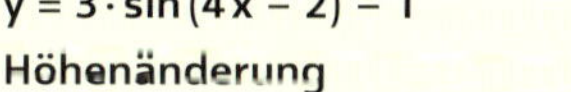

$y = 3 \cdot \sin x$
Amplitudenänderung

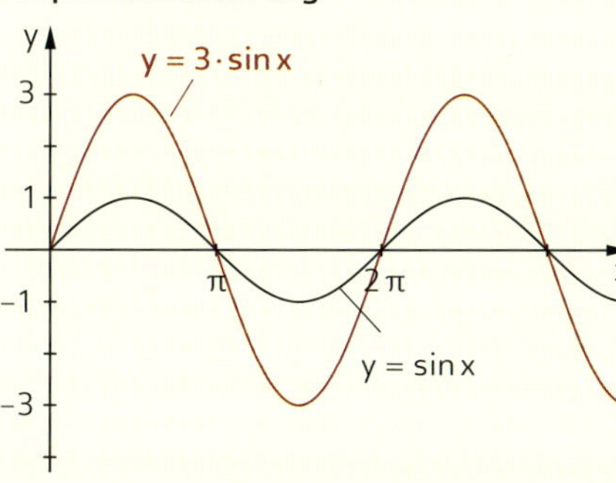

$y = 3 \cdot \sin(4x)$
Frequenzänderung

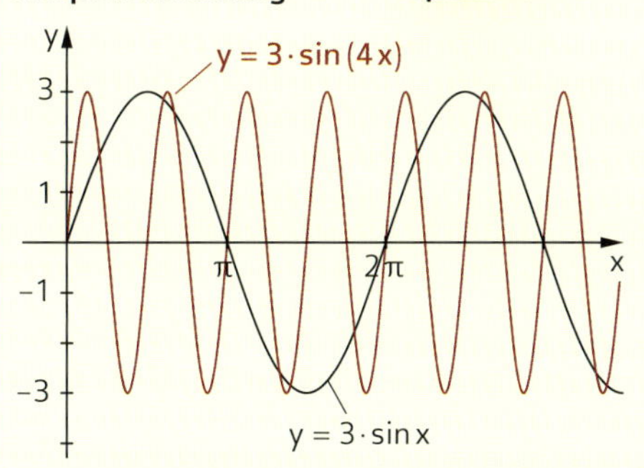

$y = 3 \cdot \sin(4x - 2)$
Phasenänderung

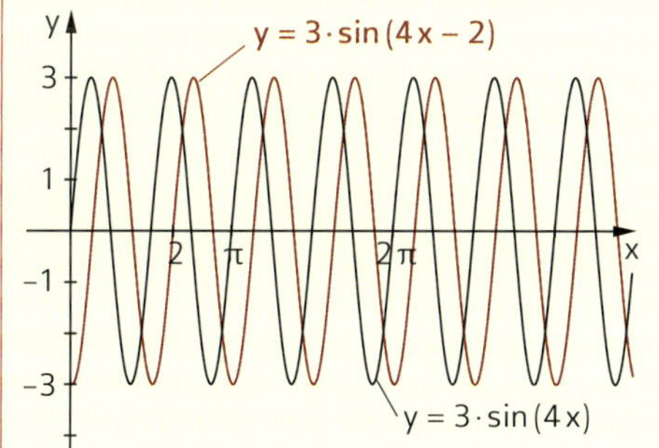

$y = 3 \cdot \sin(4x - 2) - 1$
Höhenänderung

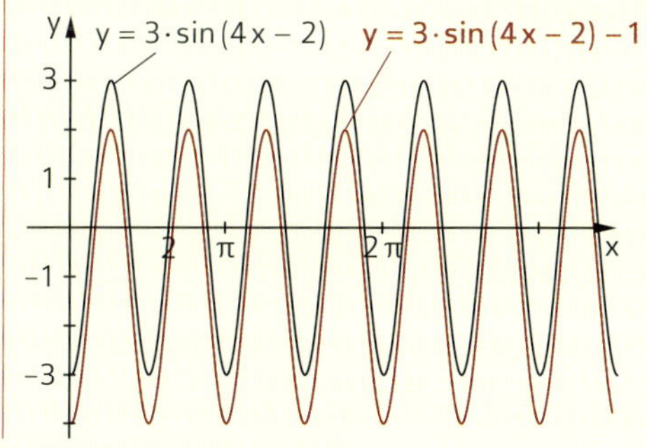

Stichwortverzeichnis

A

Abszisse 2
Achsenspiegelung 6
Achsensymmetrie 7
Additionstheoreme 28
ähnliche Dreiecke 20
allgemeines Viereck 15
Amplitude 32
Amplitudenänderung 32
Ar 13

B

Beweise 5
Bogenmaß 29

D

Dichte 27
Drachen 11, 12, 15
Drehsinn 1
Drehsymmetrie 7
Drehung 6
Dreieck 14
Dreiecksarten 4
Dreieckskonstruktionen 5

E

Ellipse 17

F

Flächeninhalt 14
Frequenzänderung 32
Fünfeck 16

G

Gerade 1
gestreckter Winkel 3
Gewicht 27
Grundkonstruktionen 2

H

Halbieren einer Strecke 2
Hektar 13
Höhe 8
Höhenänderung 32
Höhensatz des Euklid 18

I

Inkreis 8, 10
Innenwinkel 1

K

Kathetensatz des Euklid 18
Kegel 24
Kegelstümpfe 25
Kongruenzabbildungen 6
Kongruenzsätze 5
Konstruktion von Tangenten 9
Kosinus 28, 29, 30
Kosinussatz 31
Kreis 9, 17
Kreisabschnitt 17
Kreiskegel 24
Kreisring 17
Kreissektor 17
Kreisteile 17
Kugel 26
Kugelabschnitt 26
Kugelkappe 26
Kugelschicht 26
Kugelzone 26

M

Maßeinheiten 13, 21
Massenberechnung 27
Mittelpunktswinkel 10
Mittelsenkrechte 8

N

Nebenwinkel 3
n-Eck 4, 16

O

Ordinate 2

P

Parallel 2
Parallelogramm 11, 15
Passante 9
Periodenlänge 32
Phase 32
Phasenänderung 32
Prismen 23
Projektionssatz 19
Punkte 1
Punktspiegelung 6
Punktsymmetrie 7
Pyramiden 24
Pyramidenstümpfe 25

Q

Quader 22
Quadranten 2
Quadrat 11, 14
quadratische Säule 22

R

Raute 11, 12, 15
Rechteck 11, 14
rechter Winkel 3
rechtwinkliges Dreieck 14
Rho 27

S

Satz des Pythagoras 18
Satz des Thales 9
Säulen 23
Scheitelwinkel 3
Schenkel 1
Schwerpunkt des Dreiecks 8
Sechseck 16
Sehne 9
Sehnentangentenwinkel 10
Sehnenviereck 10
Seitenhalbierende 8
Sekante 9
senkrecht 2
Sinus 28, 29, 30
Sinusfunktion 32
Sinussatz 31
spitzer Winkel 3
Spitzkörper 24
Strahl 1
Strahlensätze 19
Strecke 1
Streckenverhältnis 19
Stufenwinkel 3
stumpfer Winkel 3
Symmetrieachse 7
Symmetrien 7
Symmetriepunkt 7

T

Tangens 28, 29, 30
Tangente 9
Tangentenviereck 10
Trapez 11, 12, 15

U

überstumpfer Winkel 3
Umfang 14
Umfangswinkel 10
Umkreis 8, 10

V

Vektor 6
Verschiebung 6
Vielecke 16
Vierecke 11
Viereckskonstruktionen 12
Vollwinkel 3

W

Wechselwinkel 3
Winkel 1
Winkel am Kreis 10
Winkelarten 3
Winkelfunktionen 28, 29, 30
Winkelhalbierende 8
Winkelpaare 3
Winkelsumme 4
Würfel 22

X

x-Achse 2

Y

y-Achse 2

Z

Zentrale 9
zentrische Streckung 20
zusammengesetzte Körper 27
Zylinder 23